广东深圳华侨城国家湿地公园系列丛书

全国自然教育总校推荐用书

Environment
Interpretation System of
OCT Wetland Nature Observation Trail

解说我们的湿地

华侨城湿地自然研习径解说课程

主编 —————— 南兆旭

中国林业出版社

·北京·

出　品：广东深圳华侨城国家湿地公园（欢乐海岸·深圳）

顾　问：赵树丛 陈克林 贾峰
编委会主任：刘洪杰
编委会副主任：余粤 胡小翎
编委会：刘洪杰 方谊翎 余粤 张建军 陈竹君 邵瑞 胡小翎 高征 王博 许茜

课程总策划：孟祥伟
主　编：南兆旭
副主编：孟祥伟 张俊鑫 陈银洁 蒋晓迪
特邀编辑：严莹 陈冰心 吴键梅 吴良早
栏目编辑（按姓氏笔画排序）：
　方晓婷 叶继峰 任若凡 张俊鑫 张艳武 张然 杨铭 陆葵霞
　陈炯均 陈银洁 罗林 罗雅蓝 胡悦 梁佩英 蒋晓迪 黎明 邱晓燕

图片提供（按姓氏笔画排序）：
　方晓婷 田穗兴 严莹 吴建梅 吴健晖 张俊鑫 张然 杨铭 陈白娴
　陆千乐 邱晓燕 欧阳勇 南兆旭 黄宝平 蒋晓迪
内容支持：南一方 郭倩 朱轶
影像内容：吕牧华
装帧设计/UI设计：吕和今设计 AlloDesign
技术支持：聆动科技

鸣　谢：国家林业和草原局
　　　　　中国林学会
　　　　　生态环境部宣传教育中心
　　　　　广东省林业局
　　　　　广东省林业政务服务中心
　　　　　深圳市规划和自然资源局（林业局）
　　　　　深圳市生态环境局
　　　　　深圳市城市管理和综合执法局
　　　　　深圳市野生动植物保护管理处
　　　　　深圳市公园管理中心
　　　　　深圳市生态环境局南山管理局
　　　　　深圳市方向文化发展有限公司

欢乐海岸 OCT HARBOUR

华侨城湿地
OCT WETLAND

序言

2014 年初，我初次接触华侨城湿地自然学校。藏在城市腹地中的这颗"绿翡翠"，着实让我印象深刻。它是在深圳市华基金生态环境基金会的资助下，在深圳市生态环境局的指导下建立的深圳市第一所自然学校。

作为一个为市民提供学习、参与环境保护的社会公益平台，华侨城湿地自然学校坚持以教育为抓手推动生态文明的发展。"给我一根杠杆，我就能撬动地球"，华侨城湿地自然学校在"三个一"，即"一间教室、一支环保志愿教师队伍和一套教材"的模式下持续发展，精进完善活动与课程方案，并以深圳为起点，逐渐将自然教育模式复制到全国。正是基于共同的目标和理念，2014 年，环境保护部宣教中心（现生态环境部宣传教育中心）与深圳市华基金生态环保基金会合作，共同启动了国家自然学校能力建设项目，为实现"推进生态文明，建设美丽中国"这一宏伟目标而努力，让自然教育的种子在各地生根发芽，遍地开花。

《解说我们的湿地——华侨城湿地自然研习径解说课程》这本书，讲述了华侨城湿地自然学校长为 2.5 公里的自然研习径的故事，书中的历史、动植物的介绍以及湿地守护者的笔记，让我重新回顾了湿地的前世和今生，也让我看到了湿地里越来越丰富的生命，以及每一位湿地守护者的用心良苦。

从过去到现在，以自然研习径为教育主线的华侨城湿地，早已草木茂盛，鱼跃鸟飞，生机勃勃。这里的每一个细节都在诉说着深圳生态文明建设的发展变迁，描绘着人与自然相互依赖，共生共存的美丽画卷，更是在时时刻刻提醒着我们每一个人："推进生态文明，建设美丽中国"这项艰巨的任务需要我们齐头并进、坚持不懈的努力。

细细品读完这本书，我不禁在想，如果湿地真的会说话，那么它说出的会是感谢，是憧憬，是祝福。它说出的每一个字，都将是这座城市中最动听的言语。

生态环境部宣传教育中心主任

2019 年 9 月 16 日

讲述一片湿地的智慧故事

康熙 27 年，1688 年，史书上第一次出现"深圳"一词，当地人把田间的水沟叫做"圳"。中国南海边一个被称为"深圳墟"的小村子，因靠近一条深深的水沟而得名。

300 多年后，这个水沟边的小村子生长成了一座风生水起的大都市，缘起，其实就是一片淡水湿地。

湿地，是那些映照着蓝天白云的池塘、湖泊和水库，是那些荒草萋萋的沼泽和草甸，是那些长满红树、候鸟特别钟爱的海岸滩涂，是那些芦苇茂盛、草长莺飞的河岸和冲刷出来的三角洲，是那些被深圳原住民称为"涌"的河流入海口……

湿地是全球重要的生态系统之一，具有很高的生态价值，丰富的食物来源、便捷的水陆交通，为人类文明的诞生提供了沃土。世界古代四大文明都起源自湿地，深圳也没有例外，最早的人类文明缘起于东部的海岸湿地，最早的商业文明缘起于蜿蜒的深圳河两岸。

穿梭的时光带来沧海桑田的变迁，由宝安县转身为深圳市的 40 年里，由边防县城生长为现代都市的进程中，深圳的自然生境，丢失的最多的也是湿地。
幸好，在超级的填海与建筑工程后，在深圳湾原本的海岸线上，在繁华喧闹的市区中心，留下了大约 0.685 平方公里的湿地。

这片小小的湿地，咸淡水交汇处，草木茂盛；潮涨潮落间，生命聚集。每一种寄居在其中的生命，都是演化征程中的胜出者，每一种动植物身上，都凝聚着物竞天择中修炼而成的独门智慧。这片湿地，已成为它们施展智慧的竞技场。

在这里，倾听我们的团队，讲述一片湿地的智慧故事。

2020 年 3 月 28 日

华侨城湿地简介

　　华侨城湿地，深圳市首个国家湿地公园，开创"政府主导、企业管理、公众参与"的创新管理模式，成立全国第一所自然学校，为自然教育领域全国先行先试的典范。

　　华侨城湿地位于欢乐海岸北区，是深圳湾红树林湿地的重要组成，占地面积约 68.5 万平方米，水域面积约 50 万平方米，拥有逾 4 万平方米的红树林，以及众多原生动植物，是地处现代化大都市腹地的滨海红树林湿地，也是国家二级重点保护野生鸟类黑脸琵鹭等珍稀鸟类的栖息地。区域内还设有生态展厅、零废弃生态园、亲水平台和观鸟屋等生态设施，集生态游憩与自然教育功能于一体的"城央滨海生态博物馆"。经过长达 5 年的"保护性修复"，华侨城湿地以其原生态的环境资源、优美的植被景观成为都市中的"绿翡翠"。

华侨城湿地荣誉

全国第一所自然学校

深圳第一个国家湿地公园

2016年中国人居环境范例奖

国家级滨海湿地修复示范项目

全国中小学环境教育社会实践基地

首批国家自然学校能力建设项目试点单位

自然学校示范培训基地

全国首批自然教育学校（基地）

国家级湿地学校

全国海洋意识教育基地

国家生态旅游示范区

广东省首批自然教育基地

广东省环境教育基地

课程配套

扫描二维码
进入解说系统

华侨城湿地自然研习径
环境解说系统

　　扫描二维码进入"华侨城湿地自然研习径环境解说系统"小程序，这里有 20 篇湿地自然研习径环境解说课程，与本书的第一部分课程相对应。从东大门出发，沿途你将经过 20 个精心设置的研习知识点位，通过定位讲解、拍照识别、视频欣赏等功能，带你一同领略华侨城湿地的生态之美。

6 个主要功能

- 拍照识别
- 视频欣赏
- 个人中心

- 定位讲解
- 定位按钮
- 知识目录

知识点3

红树啼莺:远方来客

红树啼莺:远方来客

20 个知识点
在线解读

进入华侨城湿地的礼仪

* 尊重自然，还自然一个自然的状态。
* 请勿使用闪光灯拍照，减少对环境的影响。
* 穿着与自然色彩相近的衣物，以免惊扰鸟类。
* 请您自带水杯，支持零废弃行动，共同为自然环境减负。
* 请您爱护湿地内的野生动植物，避免采摘植物或投喂野生动物。

无痕湿地，维系湿地精灵的都市庇护所

* 请在规划的道路内行走，以免影响野生动物栖息的家园。
* 洗手间、分类垃圾箱仅设于正门和展厅，请您在游览过程中走过不留痕迹。
* 请您在参观过程中轻声徐行，关闭手提电话的铃声，切勿大声喧哗及奔跑。
* 请避免以下干扰自然环境的行为：
  吸烟、垂钓、涉水、游泳等，共同维护湿地美景。

在此，衷心期盼您在欣赏这片美丽的湿地之余，与我们一起为爱护这里而努力。

以下常见情况仅供参考，经初步处理后，若情况严重，应尽快就医。

中暑

-

症 状 /
头痛、晕眩、发热、脉搏强、皮肤干燥无汗、体温高。

处理方法 /
尽快给患者降温，将患者移往阴凉的地方，解开衣服，用湿毛巾替其擦身、扇风。待其体温下降后，擦干身上的汗水或换上干爽的衣服。不宜急于大量补充水分，口干可抿一点水润湿口腔。

热虚脱

-

症 状 /
与中暑特征相似，皮肤大量出汗、皮肤变湿冷、脉搏及呼吸急促而微弱，体温不高。

处理方法 /
补充盐分和水分。将患者移往阴凉处躺下，将湿毛巾敷于额上，让患者慢慢饮用补充清水或电解质饮料，情况稳定后，也应尽快就医。

血糖过低

-

症 状 /
软弱无力、饥饿、出汗、苍白、皮肤冷而湿、脉搏强、呼吸弱。

处理方法 /
扶患者坐下或躺下，保持呼吸畅通，给予含糖分的饮品或食品，检查脉搏和呼吸。

足踝扭伤

-

症　状 /
患处疼痛、活动困难、肿胀。
处理方法 /
可用绷带或毛巾包扎、固定受伤部位，可把患处抬高到略高于
平躺时心脏的位置或以冰垫敷于患处以减少肿胀。

蛇咬

-

不要惊慌奔跑，应减少活动。不要尝试用口吸出毒液。请尽快
联系深圳市中医院进行救治。同行人员尽可能记住蛇的特征，
以便识别。
深圳市中医院蛇伤科室电话：0755-88359666。

医疗救护信息

-

在研习径上，若遇到受伤的情况，请不要惊慌，请
第一时间联系医疗救护机构。

* 香港大学深圳医院
  地址：广东深圳市福田区海园一路（白石路与侨城
  东路交汇）。
  电话：0755-86913333。
* 或拨打华侨城湿地服务电话：0755-86122899。

华侨城湿地

自然研习径地图

扫码进入解说系
统，获取最新知识
点信息！

官方地址 /

深圳市南山区沙河街道滨海大道 2008 号

公交车站 - 港大医院 /

乘坐 45 路、49 路、B706 路、M487 路：在「港大医院」站下车向西步行 50 米

公交车站 - 欢乐海岸 /

乘坐 45 路、49 路、M487 路、M486 路：在「欢乐海岸」站下车向东步行 300 米

地铁 - 1 号线 /

在「侨城东」站 C2 或 B 出口，向南直行至与白石路交汇处向西直行 200 米即可到达

地铁 - 9 号线 /

在「深圳湾公园」站 D1 出口，向北直行至白石路与云天路交汇处即可到达

自驾定位 /

「华侨城湿地」或「华侨城湿地- 东门」
（白石路与云天路交汇处西北侧，香港大学深圳医院对面）

停车信息 /

不设停车场，请停在欢乐海岸停车场（近 OCT 创展广场），步行前往华侨城湿地

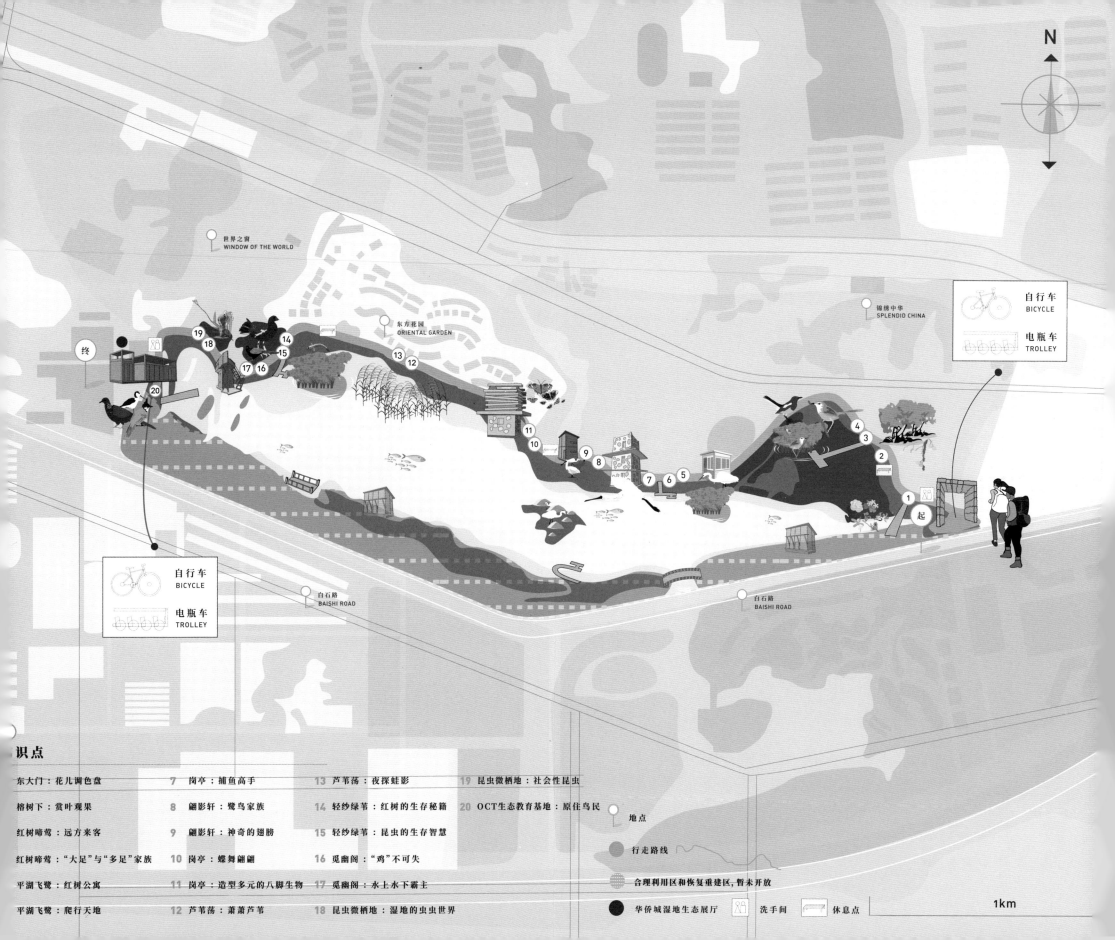

目录 CONTENTS

第一章

自然会说话：湿地自然解说课程

第三章

前世今生：华侨城湿地的发展历史

第二章

视嗅味听触心：湿地守护者的观察笔记

第四章

探寻野趣：华侨城湿地常见动植物识别图鉴

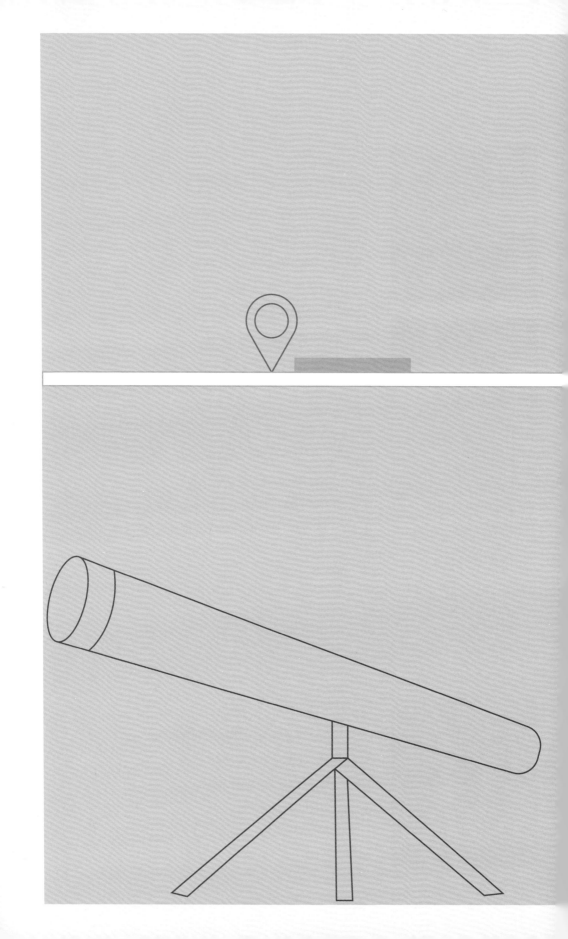

1

Chapter

第一章 One

自然会说话

湿地自然解说课程

如果湿地会说话，它一定会委婉地跟我们诉说它的荣辱兴衰。重新整改后的湿地，再现繁荣和生命力。华侨城湿地自然研习径上的每一株树，每一只飞翔的鸟，每一只昆虫，都有它们的故事，都是华侨城湿地大家庭的一员，它们互相依赖、互相共存。

东大门：
花儿调色盘

Chapter One
知识点 1-

　　自古以来，花都是美的化身，渗透在我们生活的方方面面。难以想象一个没有花的世界是多么的单调和乏味。生活在深圳，感到最幸福的就是四季有花，缤纷动人。在生物学上，花是被子植物的繁殖器官，担负着植物传宗接代的重要任务。花儿为什么呈现出如此缤纷的色彩呢？这与花儿们所含的色素有关。

　　花青素是花儿最常见的色素，它的性质很活泼，在不同的环境下能够使花呈现出不同的颜色，比如：在酸性条件呈红色，碱性条件呈蓝色，中性条件呈紫色。

　　让花朵呈现黄色、橙色、橙红色的是另一类色素叫类胡萝卜素。此外，还有一些别的色素让花儿呈现其他颜色：不含色素的花呈现白色，绿色色素的花是因为含有叶绿素。

　　除了色素以外，光照、温度、土壤酸碱度等其他因素也会影响花的颜色。最后呈现给我们的，就是花朵创造的调色盘。

　　接下来，就让我们来认识一下华侨城湿地东大门缤纷的花儿们吧，它们分别是朱槿、叶子花、三星果、九里香、马缨丹、首冠藤。

中文名：朱槿　　　　　　　01

科属：锦葵科木槿属
学名：*Hibiscus rosa-sinensis*

01

朱槿

朱槿俗称大红花，由于叶子像桑叶，又称扶桑，朱槿全年开花。朱槿的园艺品种非常多，瓣型变化大，既有单瓣，也有重瓣。花色多，常见深红色、黄色、白色等，广泛用于热带和亚热带的城市绿化中。朱槿还是马来西亚的国花，被印刷到货币上作为标志物之一。

叶子花

叶子花又叫三角梅、簕杜鹃、九重葛，是深圳的市花。叶子花原产南美，苞片看起来像"花"，其实真正的花是三片苞片里那三朵黄白色的部分。它利用苞片的艳丽色彩，吸引昆虫前来帮它完成授粉。

中文名：三星果　　　　　　　03

科属：金虎尾科三星果属
学名：*Tristellateia australasiae*

03

三星果

三星果是木质藤本，可长达 10 米。叶子卵形，对生。开黄色的五瓣花，花丝红色，成串开在枝端。花期 4~5 月，培育条件好也可以全年开花。果实是翅果，形状如星芒，因此得名"三星果"。

中文名：九里香　　　　　　　04

科属：芸香科九里香属
学名：*Murraya exotica*

九里香

常绿灌木或小乔木。小叶呈倒卵形，开 5 个瓣的白色小花，气味芬芳，花期 4～8 月。果实椭圆形，橙黄色或橙红色。常用作绿篱及道路隔离带植物。九里香属 "*Murraya*" 是源于瑞典植物学家 John Andrew Murray（1704—1791）。

04

05

中文名：马缨丹　　　　　　　05

科属： 马鞭草科马缨丹属
学名： *Lantana camara*

马缨丹

马缨丹又叫五色梅。原产于美洲热带地区，我国有栽培，华南地区均于有归化或逸为野生。花色多样，多种植于路边、坡地等绿化地。茎枝均呈四方形，叶对生。花冠黄色、橙黄色、粉红色以至深红色。核果圆球形，成熟时紫黑色。花、果期全年。

中文名：首冠藤　　　　　　　06

科属： 豆科羊蹄甲属
学名： *Bauhinia corymbosa*

06

首冠藤

首冠藤是香港市花洋紫荆（红花羊蹄甲）的亲戚，同属于豆科羊蹄甲属，看它的叶子就像小号的羊蹄，不同的是它是一种木质藤本植物。首冠藤开粉色的花，花瓣上有粉色的脉络，花期 4~6 月。

榕树下：赏叶观果

Chapter One
知识点2-

在生机盎然的华侨城湿地，放眼望去是一片绿色，这绿色大部分来自植物的叶子。

叶子是植物进行光合作用、制造养料、进行气体交换和水分蒸腾的重要器官。我们看到的叶子绝大多数都是呈现绿色的，这是因为叶子中的叶绿素的作用，叶绿素偏好红色光和蓝色光，当阳光照射在叶片上时，这两种光会被吸收，不需要的绿色光反射回去被人眼看到。叶子里除了有叶绿素，还有叶黄素、胡萝卜素、花青素等。叶绿素减少或者消失时，这些色素的颜色就会呈现出来。

观察一片叶子，上面的叶脉撑起了整片叶面。叶脉的形状也各不相同，有些是平行脉，有些是网状脉。叶子的形状也各不相同，有的是掌形，有的是条形，有的是心形。通常每种植物具有一定形状的叶，但是也有植物同一株植株上具有不同叶形的叶，称为"异形叶"。

植物的果实是另外一个看点。它们是被子植物在开花授粉后，由受精的子房为主体发育而来的。果实的结构通常可分为种子和果皮两部分，果皮对种子有保护功能。由于不同植物在长期的演化中形成了多种多样传播种子的方式，所以导致各种果实在外观上及功能上都具有多样性。

值得一提的是桑科榕属植物，我们所看到的榕果并不是果实，而是花序托膨大后的构造。真正的果和花一样，长在俗称"榕果"的花托里面，数量众多，如果我们把榕果剖开来就能看到。这种花序在植物学上有一个专有的名称叫"隐头花序"，隐头花结出的果实称为隐头果。

在这一节，我们可以留意观赏这些植物的叶和果，它们分别是血桐、印度榕、水黄皮、苦楝、海芋。

血桐

血桐的叶子肥大，呈卵圆形，如大象的耳朵，所以血桐的英文名就叫"elephant's ear"。当血桐的树干表面受损时，流出的树液及髓心周围经氧化后会转变为血红色，看起来像在流血，所以得名"血桐"。血桐开淡绿色的小花，果实呈球形，带软刺。由于花、果不是长期存在，所以，我们最容易看到的就是血桐像大象耳朵一样的大叶子。

中文名：印度榕　　　　　02

科属：桑科榕属
学名：*Ficus elastica*

印度榕

印度榕又叫橡胶榕、橡皮树，是一种高可达20~30米的乔木。它们的树皮灰白色而平滑，小枝粗壮。最有特色的就是它们的叶片，呈长圆形至椭圆形，革质、厚硬；表面深绿色、光亮。它们的原产地在印度、马来西亚等热带地区，在中国很多地区都被作为赏叶植物来引种。乳汁可制硬橡胶。

中文名：血桐　　　　　01

科属：大戟科血桐属
学名：*Macaranga tanarius*

中文名：水黄皮　　　　　　　03

科属：豆科水黄皮属
学名：*Pongamia pinnata*

水黄皮

水黄皮是一种豆科的乔木，喜欢生长在溪边、池塘边和海边等一些有水的环境。它们的叶子很有观赏性，羽状复叶呈椭圆形，每片复叶有小叶 2~3 对，近革质，表面光亮。开紫色的花。扁平小弯刀状的荚果，表面木质化，成熟后变褐色。水黄皮的果实可以漂浮在水面上，所以又称"水流豆"，等到漂浮到合适的地方，种子就可以萌发出新的植株。

中文名：苦楝　　　　　　　04

科属：楝科楝属
学名：*Melia azedarach*

中文名：海芋　　　　　　　　　05

科属：天南星科海芋属
学名：*Alocasia odora*

苦楝

苦楝也叫紫花树，是一种分布广泛的乔木。苦楝在华侨城湿地常见，树形优雅，它们的叶子是羽状复叶，由3~4对互生或对生的小叶构成。在春天，苦楝开出淡紫色花朵，秀丽雅致。到了冬季，苦楝结出黄褐色、椭圆形的核果，种子就藏在里面。这些果实鸟儿喜欢吃，人类却万万吃不得，误食会导致恶心、呕吐、抽搐甚至麻痹致死。

海芋

海芋又称尖尾芋、滴水观音、姑婆芋，是天南星科的大型常绿草本植物。海芋在深圳几乎随处可见，在华侨城湿地数量也较多。海芋植株高大，有些比人还高；叶片大而厚，叶脉粗壮。和其他天南星科植物一样，海芋的白色肉穗花序被形似花冠的总苞片包裹，这个苞片被称为"佛焰苞"。

海芋全株有剧毒，含草酸钙毒素，误食会引起喉咙肿痛、口腔麻木和胃部灼痛。若皮肤接触到它们的汁液也会红肿发痒。果实成熟后，苞片褪去，露出红彤彤的果实，引来红嘴蓝鹊等鸟类啄食，坚硬的种子再由鸟类粪便排出体外，起到传播种子的作用。

苦楝

红树啼莺：
远方来客

Chapter One
知识点 3-

每年的 10 月到翌年 4 月，来自世界各地的上百种、数万只候鸟都会因迁徙而经过深圳，再继续前往其他地方，度过寒冷的冬天。候鸟的迁徙是一场漫长的旅途，为了在更合适的栖息地，增加生存机会，这些远方来客在冬天之前长途跋涉，来到温暖的红树林湿地上歇息，补充营养，春天之后再飞回它们的繁殖地。

华侨城湿地属于滨海湿地，与深圳湾水系相通，生物资源共有，是深圳湾滨海湿地生态系统的重要组成部分。华侨城湿地不仅是深圳湾湿地的重要延伸，还与香港米埔自然保护区隔海相望，拥有近 4 万平方米的红树林，是国际候鸟重要的中转站、栖息地。每年有数万只候鸟南迁北徙在此停留或逗留。宽阔的水面、茂盛的芦苇、稀疏的草甸、郁葱的红树林吸引了百余种数千只鸟在此栖息。其中，黑翅长脚鹬在深圳地区被发现的唯一繁殖地就是华侨城湿地。每年冬春，300 多只黑翅长脚鹬汇集于此，鸟声啾啾，翅影翩翩，场面非常壮观。

逗留华侨城湿地的候鸟非常多，常见的有黑脸琵鹭、黑翅长脚鹬、反嘴鹬、赤颈鸭、琵嘴鸭等。

01

黑翅长脚鹬

黑翅长脚鹬是反嘴鹬科鸟类，姿态优雅，细长的腿红色，像踩着两根高跷，能稳稳地在水中站立。它们的头颈均为白色，背部有黑色覆羽。黑色的嘴巴尖细，以小鱼、小虾等一些水生小动物为食，被称为水鸟版的"林志玲"。

黑脸琵鹭

黑脸琵鹭是鹮科琵鹭亚科鸟类，又名黑面琵鹭、饭匙鸟。它们的面部黑色，嘴巴像一把勺子，与中国乐器中的琵琶极为相似，因而得名。琵鹭亚科的鸟类全世界共 6 种，其中以黑脸琵鹭数量最为稀少，属全球濒危物种之一，全球仅剩不到 5000 只。幸运的是，每年我们都能在华侨城湿地看到它们的身影。

中文名：反嘴鹬 03

学名：*Recurvirostra avosetta*

反嘴鹬

反嘴鹬是反嘴鹬科鸟类，也是最常见
的候鸟之一。它们就像水鸟里的大熊
猫，羽毛由黑白两色构成。最有特点
的是它们的黑色嘴巴，细长且往上翘。
反嘴鹬长着青灰色的大长腿，站立在
水中用长嘴在泥里扫动，取食水中的
无脊椎动物。

中文名：琵嘴鸭 04

学名：*Anas clypeata*

05

中文名：赤颈鸭　　　　　　　　　05

学名：*Anas penelope*

赤颈鸭

赤颈鸭是鸭科鸟类。雄鸟非常漂亮，头部、颈部棕红色，头顶为鲜艳的金黄色。雌鸟颜色灰褐色，没那么耀眼，比较低调，因为它们有繁殖的使命，需要用灰暗的颜色将自己伪装在环境中，不被天敌发现。它们主要以水生植物为食，喜欢在富有水生植物的开阔水域中活动。

04

琵嘴鸭

琵嘴鸭是鸭科鸟类，跟我们的家鸭是同科，是每年都会到访华侨城湿地的远方来客。它们的嘴巴宽大像铲子，形似琵琶，所以得名"琵嘴鸭"。雄鸟的颜色亮丽，头颈深绿色两侧具金属光泽，腹部红褐色，胸部白色；雌鸟颜色灰暗。琵嘴鸭用铲子形的嘴捞取水里的小动物吃，也吃一些植物的果实和种子。

黑脸琵鹭

红树啼莺："大足"与"多足"家族

Chapter One
知识点4-

在华侨城湿地，经常有两足的人类行走在自然中，同时，也有"大足"与"多足"家族悄无声息地出没。

"大足"家族则是指蜗牛。蜗牛以腹部的肌肉行走，称之为"腹足"，相当于一只"大足"。蜗牛通过收缩与放松腹部的肌肉前进，但不能倒退走路，因为其肌肉只能朝着单一方向缩放。

"大足"家族里有无壳的蜗牛种类——蛞蝓与半蛞蝓。蜗牛的壳是重要的保护构造，保护壳内的软体、防止水分散失。但壳也是一个行走的重量负担，而且蜗牛日常需要摄食碳酸钙以制造壳。一些种类的蜗牛生活在潮湿的地方，不需要壳来锁水，加上在潮湿的生境很难寻得碳酸钙，于是这些蜗牛在进化过程中，部分壳退化了，即为半蛞蝓；一些蜗牛的壳则完全退化，变为无壳的蜗牛，即蛞蝓，也就是人们常说的鼻涕虫。

在"多足"家族里，人类所熟悉的是马陆与蜈蚣，它们都属于节肢动物中的多足亚门，但属于不同纲。蜈蚣被称为"百足虫"，它的第一对步足特化为钳状的颚肢，因靠近口器，在分类学上称为唇足纲；马陆被称为"千足虫"，因每个体节上有两对足，在分类学上称为倍足纲。

一起来认识华侨城湿地里，"大足"与"多足"两个家族吧。

01

中文名：皇勇蜗
科属：勇蜗科勇蜗属
学名：*Helicarion imperator*

01

皇勇蜗

皇勇蜗是华侨城湿地最常见的半蛞蝓，又名"帝王鳌甲蛞蝓"，两个名字都和"皇""帝""王"有关，如此霸气的名字，是由它的种名*imperator*意译过来的。半蛞蝓的背上只有薄薄的一片壳，无法完全缩进壳里。

高突足襞蛞蝓

高突足襞蛞蝓，又称皱足蛞蝓，是一种无壳的蜗牛。高突足襞蛞蝓的身体十分扁平，身体颜色为黑褐色或者红褐色，在背部中间有一条黄色的细线。无壳的蜗牛因为缺少壳，所以大部分栖息在湿润的环境，选择夜间出行，以避免被太阳晒干水分。但高突足襞蛞蝓可以在干燥的环境下生活，因为其皮肤十分粗厚，可以防止水分蒸发。遇到危险时，高突足襞蛞蝓的身体会迅速分泌黏液，同时挤干腹足下的空气，牢牢地贴在地面上，很难将其挑起。

非洲大蜗牛

非洲大蜗牛，又名褐云玛瑙螺，是世界百大入侵物种之一，原产地为东非，19 世纪入侵东南亚，至今已扩散到亚洲、太平洋、印度洋和美洲等地的湿热地区。

非洲大蜗牛靠着两大能力"称霸"蜗牛界：繁殖力强，一次最多能产 500 枚卵；胃口大，只要能入口，不管什么类型的动植物都可作为其食物。

非洲大蜗牛早期曾被引入养殖，是因为其体型大，肉多味道好，可作为食物；但由于养殖环境隔离不当，逃逸的蜗牛在野外迅速建立了种群。虽然非洲大蜗牛可食用，但野外的个体身上可能有寄生虫，人类食用后经感染会引起脑炎或脑膜炎。

03

中文名：砖红厚甲马陆　　　　04

科属：厚甲马陆科厚甲马陆属

学名：*Trigoniulus corallinus*

砖红厚甲马陆

砖红厚甲马陆，是华侨城湿地最常见的一种马陆。虽然马陆的足多，但动作迟缓；主要栖息在潮湿的环境，如落叶层、土层中，多数以腐殖质为食，是生态系统中重要的分解者。当遇到危险时，马陆的身体会扭转为圆环状，将柔软的腹部包裹起来，如棒棒糖一样，呈现"假死状态"，一段时间后，会慢慢张开逃走。部分种类的马陆会释放排泄物，或者分泌刺鼻的液体，以此恐吓天敌。

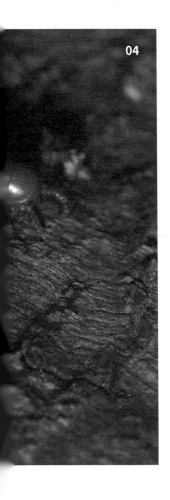

04

05

中文名：糙耳孔蜈蚣 05

科属：蜈蚣科耳孔蜈蚣属
学名：*Otostigmus scaber*

糙耳孔蜈蚣

糙耳孔蜈蚣，体形狭长，身体扁平。蜈蚣与马陆的区别在于，
蜈蚣的每个体节只有 1 对步足，可以清晰地数出腿来，行动
快速；而马陆每一体节具有 2 对足，看上去十分密集，但行
走迟缓。

蜈蚣是凶猛的肉食者，捕捉猎物时，会用长长的身体将猎物
卷紧，用锋利的颚肢注射毒液，等待猎物死亡后大快朵颐。

蜈蚣虽然有毒腺，捕食凶狠，但大多数种类的蜈蚣会有"慈
爱的"护卵行为——在卵孵化前，将卵包围成一团，随时保
护与清洁卵。

平湖飞鹭：红树公寓

Chapter One
知识点 5-

在陆地与大海的交界处，生长着一些由特殊的植物群落构成的树林，这就是红树林。红树林并不是红色的，和其他森林的颜色一样，红树林的外观其实是绿油油的。红树林的"红"得名于红树科植物富含的酸性物质——单宁，单宁在空气中极易被氧化，呈现红褐色，树皮可以供提炼红色染料。由于红树科植物是红树林的重要组成部分，所以被统称为红树。

红树林是华侨城湿地的重要生境之一，一片片红树林就像一座座公寓，居住着大大小小的生命。红树植物是生态系统中的生产者，通过光合作用制造营养，在它们发达的根系下，栖息着以螃蟹、贝类、螺类等小型无脊椎动物为代表的初级消费者，取食这些小型无脊椎动物的鱼类构成了次级消费者，鸟类以这两者为食，它们在红树公寓的高层，最顶层还住着豹猫——在华侨城湿地被发现的本土原生哺乳动物，它们可以捕食鸟类。这些红树公寓的居民关系密切，环环相扣，缺一不可，共同构成了华侨城湿地复杂的食物网。

01

中文名：海桑 02

科属：千屈菜科海桑属
学名：*Sonneratia caseolaris*

02

海桑

海桑原产于海南，全年开花结果。海桑的花很有特色，红色的雄蕊长而多，丝丝展开，像烟花绽放。海桑的浆果呈扁圆形，青绿色，成熟后掉落海水中，随波逐流，依靠海水传播种子。

中文名：卤蕨 03

科属：凤尾蕨科卤蕨属
学名：*Acrostichum aureum*

03

卤蕨

卤蕨是华侨城湿地里比较常见且有特色的红树植物之一。它们长着青绿色的羽状复叶，根状茎直立，高可达 2 米。蕨类植物不开花，靠孢子繁殖。卤蕨的孢子长在最上几对叶片底部，成熟时变为深褐色，孢子掉落生成新的植株。要看孢子囊，把叶子翻过来就可以看到。

中文名：秋茄 01

科属：红树科秋茄属
学名：*Kandelia obovata*

秋茄

秋茄叶子表面有光滑的蜡质，开白色五角星形的花。果实继续在植物上发育出细长的胚轴，形状像笔，所以秋茄又名"水笔仔"。细长的胚轴成熟后掉落到泥地后一头扎进去，慢慢发育成新的植株，具有红树最典型的特征之一——胎生。花期 4~8 月，果期 8 月到翌年 4 月。

海桑花

中文名：木榄　　　　　04

科属：红树科木榄属
学名：*Bruguiera gymnorhiza*

木榄

木榄是最符合人们心中对红树设定的植物。墨绿色的叶片厚实光滑，胚轴由墨绿色渐渐变为红色，粗短笔直，也具有红树最典型的特征之一——胎生。花瓣带白色绢毛，紫红色钟形萼筒。花期 5~9 月，果期 10 月到翌年 5 月。

中文名：蜡烛果　　　　　05

科属：报春花科蜡烛果属
学名：*Aegiceras corniculatum*

蜡烛果

蜡烛果又叫桐花树。白色的花像小五角星，聚生在茎的尖端；果实像弯弯的小牛角，当初的命名者也许觉得更像蜡烛一些吧。蜡烛果的叶片呈浅绿色，表面有大量盐腺，很容易观察到它的泌盐现象。花期 1~4 月，果期 5~9 月。

中文名：豹猫　　　　06

学名：*Prionailurus bengalensis*

豹猫

豹猫又名石虎，是深圳原生的猫科哺乳动物。豹猫和家猫乍一看很像，豹猫的体型比家猫更大、更长一些，腿长，尾巴也长。它们的下巴是白色的，眼窝内侧和两颊都有白色斑纹，耳朵比较长，尖端呈圆形，耳朵背面也有白色斑点，全身有豹纹一样的斑点。它们是肉食性的夜行动物，通常以啮齿类、鸟类、鱼类、爬行类及小型哺乳动物为食。在华侨城湿地有幸用红外线相机发现了它的存在，若想见到它，那可能需要中彩票一样的运气。

双齿近相手蟹

双齿近相手蟹属于相手蟹科，常出没于河口湿地或红树林根部的泥洞间，有时甚至会爬上红树的枝干。它们长着一对迷人的红钳子，甲壳和脚呈青绿色，撞色搭配效果不错。双齿近相手蟹食性很杂，以红树的落叶和果实为主食。

大鳍弹涂鱼

大鳍弹涂鱼属于虾虎鱼科，是红树林里有代表性的鱼类之一。它们水陆两栖，鼓鼓的腮帮子可以储水，让鳃保持湿润。突突的大眼在头顶，视野宽阔，可以眼观六路。在滩涂上，它们摇头晃脑，用口器刮取泥滩表面的食物取食。强壮的腹鳍形成吸盘，还可以支起来，让它们能攀附、行走、跳跃。大鳍弹涂鱼的鳍是鲜红色的，上面还有一些黑色和白色的条带。

中文名：双齿近相手蟹　　07

学名：*Perisesarma bidens*

中文名：大鳍弹涂鱼　　08

学名：*Periophthalmus magnuspinnatus*

06

平湖飞鹭：
爬行天地

Chapter One
知识点6-

在希腊神话，太阳神阿婆罗之子阿斯库勒比尔斯，有一支两条蛇缠绕的手杖，象征医药之神。

每年深圳有多起被蛇咬伤的案例，但只要保持一定距离，蛇类一般不会主动攻击人，被咬伤的原因可能是误踩踏到草丛中的蛇，或者是人的肆意挑拨。毒蛇的毒液并非为攻击人类而生，而是用以觅食与对付天敌。

与蛇类同为爬行动物的还有蜥蜴类、龟类等，与蛇类都是维持生态系统平衡的不可或缺的成员。爬行动物的主要特征是皮肤干燥、指趾有爪、表面覆盖鳞片或者坚硬的外壳，为卵生冷血动物。

在平湖飞鹭的夜晚与白天，在水边或者灌木丛中，甚至红树林中，都可以发现爬行动物的踪影。

01

中文名：银环蛇　　　　　　　02

科属：眼镜蛇科环蛇属
学名：*Bungarus multicinctus*

银环蛇

银环蛇，中国毒性最强的陆栖毒蛇之一，富含神经毒素，能麻痹与损伤人的神经系统，极易致人死亡。银环蛇的身体上是界限分明的黑白色环纹。一些无毒的蛇类也进化出了模拟银环蛇的黑白外形，以迷惑天敌，如福清白环蛇与细白环蛇。银环蛇昼伏夜出，多栖息在水边，虽然剧毒但性格温和，除非是人为的挑拨激怒，否则一遇到动静就迅速逃走。夜晚在华侨城湿地的林子行走，要注意安全，防止误踩蛇类。

中文名：黑斑水蛇　　　　　　01

科属：水蛇科水蛇属
学名：*Enhydris bennettii*

黑斑水蛇

黑斑水蛇是善于在红树林、潮间带的泥滩中活动的一种水蛇，它喜爱捕食鱼虾蟹，活跃度与潮汐有关，偶尔会栖息在红树林的枝头上，是爬树高手。它的身体为橄榄绿色，具有深灰交叉条纹，腹部侧面有一条米白色粗条纹。

中文名：变色树蜥　　　　　　03

科属：鬣蜥科树蜥属
学名：*Calotes versicolor*

变色树蜥

成年变色树蜥的背上有一列锯齿状的鳞片凸起，又被称为"鸡冠蛇""马鬃蛇"。在繁殖季节，雄性变色树蜥前半截身体会变红，遇到适合的对象，会突起喉囊，频繁点头，以传递求偶的信息。

变色树蜥与变色龙非同一物种，变色龙为蜥蜴亚目避役科生物的泛称，主要生活在非洲。当夜晚降临，在华侨城湿地树木间行走时，可以留心树杈末端或者灌木丛顶端的叶片，或许可以发现闭眼睡觉的变色树蜥。

科属：壁虎科壁虎属
学名：*Gekko chinensis*

中国壁虎

中国壁虎是华侨城湿地最常见的壁虎，可以在粗糙的树干、光滑的墙壁，甚至天花板上行走自如。壁虎之所以可以飞檐走壁，得益于脚趾上的攀瓣。攀瓣上有数万以上的细微刚毛，刚毛又分叉为更多的纤毛，大大增加了与行走表面的接触面，产生分子与分子之间作用的"范德华力"。数万以上的刚毛积累的"范德华力"，形成巨大的力量，因此壁虎的一只脚趾甚至可以支撑起整个身体。

中文名：钩盲蛇　　　　　05

科属：盲蛇科印度盲蛇属
学名：*Ramphotyphlops braminus*

钩盲蛇

钩盲蛇是全中国最小的无毒蛇。钩盲蛇的身型大小似蚯蚓，但其身上有鳞片，前进姿势是爬行状，而身体是一个个环节的蚯蚓是蠕动前进的。

钩盲蛇生活在阴暗的泥土层和落叶层之间的交界，眼睛是 2 个小黑点，几乎退化了，仅可感受光线变化；它的头骨十分坚硬，用以挖掘泥土，嘴巴向下，不然容易吃到泥。钩盲蛇本是亚洲热带地区的蛇类，现已扩散到全世界大部分的热带和亚热带地区，这与孤雌生殖的生殖方式有很大的关系，即不需要雄性参与就可进行个体繁殖。

中文名：巴西红耳龟　　　06

科属：泽龟科滑龟属
学名：*Trachemys scripta elegans*

巴西红耳龟

巴西红耳龟，因眼睛后的鲜红色的粗条纹如耳朵一般而得名，被评为世界自然保护联盟（IUCN）的世界百大入侵种之一。作为严重威胁本土龟的入侵物种，巴西红耳龟具有"三高"：高繁殖率，生长速度快；高食物掠夺能力，杂食性，捕食时十分凶狠；高度生存适应能力，缺少天敌。巴西红耳龟因在市场上价格低廉，常被大量购买以放生，对本土环境造成极大的生态影响。

岗亭：
捕鱼高手

Chapter One
知识点 7-

美丽的华侨城湿地有水有鱼，自然也吸引了一些"捕鱼高手"光顾，其中，最有代表性的就是翠鸟和鸬鹚。

翠鸟是佛法僧目翠鸟科鸟类的统称，深圳常见的有普通翠鸟、白胸翡翠、蓝翡翠、斑鱼狗等。翠鸟家族的成员个个是美人，有着各色华丽的羽毛。在深圳，本地人称普通翠鸟为鱼郎，英文里称翠鸟为 kingfisher，都源自它擅长捕鱼的习性。

鸬鹚俗称鱼鹰，从这个名字就可以看出它们擅长捕捉各种鱼类作为食物。它们能在水下追捕鱼类，把鱼抓到水面吞食。有时候也会在水边静静等候，发现猎物后迅速出击，潜入水中追捕。

在岗亭，我们能看到以下这些"捕鱼高手"。

01

学名：*Ceryle rudis*

斑鱼狗

斑鱼狗属于翠鸟科。在华侨城湿地的翠鸟家族里有一位白眉大侠——斑鱼狗。斑鱼狗有着白色的眉纹，黑色的身体缀着白色的斑点，白色的腹部又带着两条黑色条带，黑嘴黑脚，全身只有黑白两色。翠鸟吃鱼猛如狗，所以又叫鱼狗，身上有斑，就成了"斑鱼狗"。

斑鱼狗是翠鸟里的大个子，捕鱼能力也十分了得。在湿地常可见斑鱼狗几乎是以与水平面垂直的姿势快、准、狠地一头扎进水中，出水面时已衔着一条鱼。

中文名：普通鸬鹚

学名：*Phalacrocorax carbo*　　　03

中文名：白胸翡翠　　　　　　　01

学名：*Halcyon smyrnensis*

白胸翡翠

白胸翡翠也叫白喉翡翠，属于翠鸟科。它们有着红褐色的身体，深红色的喙，白色的腹部，荧光蓝色的羽翼。这些色彩把白胸翡翠装扮得艳丽夺目，让人一见难忘。

普通鸬鹚

普通鸬鹚属于鸬鹚科，是一种常见的大型水鸟。它们通体黑色，头颈具紫绿色光泽，两肩和翅的羽毛上泛着青铜色的光，嘴角和喉囊呈黄绿色。它们常常成群栖息于湿地，呈垂直站立姿势，晾晒翅膀，候鸟季很容易在华侨城湿地观察到。

它们擅长游泳和潜水，捕鱼本能高超，有些地方的渔民会训练它们捕鱼，在华侨城湿地它们就不必有被人利用的烦恼。

04

中文名：普通翠鸟　　　　04

学名：*Alcedo atthis*

普通翠鸟

普通翠鸟属于翠鸟科。华侨城湿地最常见的翠鸟是普通翠鸟，名字里冠以"普通"二字，说明其非常常见，几乎是全国广布。普通翠鸟虽然不珍稀且数量也不少，但见过它的人一定都会觉得这种体长十几厘米的小鸟儿长得精致又美丽。它们的身体是金属蓝色的，头顶布满艳翠蓝色细斑，眼部横贯一条橘黄色条带，脖子侧面还有点点白斑，腹部是鲜艳的橙色。

中文名：蓝翡翠　　　　　　　　05

学名：*Halcyon pileata*

蓝翡翠

蓝翡翠的头顶黑色，所以还有个别名叫"黑帽鱼狗"。又因它们长着蓝紫色的艳丽羽毛，而得名"蓝袍鱼狗"。长长的喙红得醒目，得别号"秦椒嘴"。蓝衣、黑帽、白脖、橙腹，组合出一个鸟中尤物。只是它们的数量相对少，遇到它们需要一些运气。

翩影轩：
鹭鸟家族

Chapter One
知识点 8-

　　在华侨城湿地最容易见到的就是长相姿态各异的鹭鸟。在心湖中心有一个面积近 6000 平方米的鹭岛，岛上植被茂盛、林木葱郁，并有隔离性保护，没有人为干扰，是鹭鸟们的宜居家园。鹭鸟是湿地生态系统中的重要生物种类之一，也是可以被用于环境质量评价的一类指示动物。

　　鹭鸟家族共同的特征是"三长"：嘴长、腿长、颈长，还有它们展开的翅膀也特别长。细细观察一只鹭鸟起飞与降落时翅膀的扑闪，优雅的姿态会让人心醉神迷。除夜鹭和苍鹭之外，性情温和的鹭鸟大都喜欢群居。在冬季候鸟南飞的时候，常常看到数百只鹭鸟聚集在一起，一起轻盈地掠过海面，一起优雅地在淤泥中踱步，一起气定神闲地伫立在红树林的枝丫和礁石上，为这个嘈杂喧闹的城市带来了一丝空灵。

　　在翩影轩，你可能会见到以下几种鹭科的鹭鸟们。

中文名：白鹭　　　　　02

学名：*Egretta garzetta*

02

白鹭

白鹭是华侨城湿地最常见的鹭鸟，它们体形纤瘦，全身白色，脚是黄色的，嘴巴是黑色的。在繁殖季节，白鹭的头顶后方会长出两条细长的饰羽，背部和胸部均披着白色蓑羽。白鹭的分布范围非常广泛，几乎世界各地都有它的身影。

中文名：大白鹭　　　　　　　　　　　　　　　　　　　01

学名：*Ardea alba*

大白鹭

大白鹭是一种大型的白色鹭鸟，全身羽毛也是白色的，比白鹭体型大很多。它们细长的颈部呈"S"形。与白鹭正相反，它们的脚是黑色的，嘴是黄色的。退潮时，大白鹭会大群聚集一起，在滩涂上寻找鱼类为食。在繁殖季节，大白鹭脸颊裸露皮肤会呈蓝绿色，身上还有分散状的蓑羽。

学名：*Nycticorax nycticorax*

夜鹭

夜鹭是一种中型的鹭鸟，颈短，体型粗胖，有红色的虹膜。夜鹭的脚是黄色的，头顶到背面黑绿色而具金属光泽，头部有 2~3 条长带状白色饰羽。顾名思义，夜鹭是喜欢晚上活动的鸟，喜欢缩着颈部站在树枝上一动不动，身体呈驼背状。

中文名：苍鹭　　　　　　04

学名：*Ardea cinerea*

苍鹭

苍鹭也是湿地常见的大型鹭鸟，它们比大白鹭体型还要大一点。苍鹭性情寂静而有耐力，行动极为灵活敏捷，有时站在一个地方等候食物长达数小时之久，故有"长脖老等"之称。一见鱼类或其他水生动物到来，苍鹭就迅速出击捕食。在繁殖季节，它们的头部也会长出细长的饰羽。

中文名：池鹭　　　　　　05

学名：*Ardeola bacchus*

池鹭

池鹭俗称红头鹭鸶、沼鹭、穿背心、田牛汉，体型不大，胸、喉部是白色，身体有褐色的纵纹。在繁殖期间，池鹭的头和颈都会变成栗红色，背羽呈紫黑色，看起来非常喜庆。池鹭喜欢在湿地的浅水区行走觅食，主要取食鱼类。

翩影轩：
神奇的翅膀

Chapter One
知识点 9-

　　昆虫是无脊椎动物中唯一有翅的一类，也是最早有飞行能力的动物。对生命史短、发育迅速的昆虫来说，翅膀是非常重要的身体构造。昆虫能够成为分布范围最广的动物，具有飞行能力是重要的原因之一，不但可以扩展其生存空间，迅速找到合适的栖息地，而且遇到天敌时，还可以提高其逃生率，在不同的生境，提高其觅食能力……

　　大部分的昆虫都有两对翅膀，不同种类的昆虫具有不同特点的翅膀。根据形状、功能与质地，翅膀可以分为几个类型：透明的膜翅、覆盖鳞片的鳞翅、部分革质部分膜质的半鞘翅、骨化为硬壳的鞘翅、后翅退化为平衡棒的棒翅……

　　翩影轩的昆虫纷飞在自由的蓝天下，其小小的翅膀下也蕴藏着神奇的自然奥秘。

01

中文名：六斑月瓢虫　　　　02

科属：瓢虫科宽柄月瓢虫属
学名：*Menochilus sexmaculata*

六斑月瓢虫

六斑月瓢虫，是分布广泛的鞘翅目昆虫。鞘翅目昆虫的前翅角质化为鞘翅，厚而坚硬，没有翅脉，主要用以保护后翅与柔软的腹部。后翅为透明的膜翅，折叠在硬壳下。飞行时硬化的前翅先张开，后翅随后展开，由于体型与体重的原因，鞘翅目昆虫的飞行速度不快。

中文名：黄蜻　　　　03

科属：蜻科黄蜻属
学名：*Pantala flavescens*

中文名：朱红榕蛾　　　　01

科属：榕蛾科榕蛾属
学名：*Phauda flammans*

朱红榕蛾

朱红榕蛾，是一种幼虫以榕叶为食的蛾子。全世界约有 15 万种鳞翅目昆虫，蛾子占了大部分的比例，蝴蝶仅占 1/10。蛾子与蝴蝶的翅膀上覆盖着不同颜色、细小的鳞片，组合成为不同斑纹的翅膀。这些鳞片除了"彰显美丽"外，也能保护蛾子与蝴蝶。翅膀上的鳞片具有防水功能，不易被雨水打湿；当不小心飞入蜘蛛网而翅膀被黏住时，在生死攸关的挣扎过程中，与蜘蛛丝直接接触的大量鳞片会黏附在网上，让蝴蝶与蛾子得以脱险。

黄蜻

黄蜻，属于不完全变态的蜻蜓目家族，是一类古老的昆虫。蜻蜓的飞行能力十分优秀，除了速度飞快，还会空中悬停、滑翔与垂直飞行等空中炫技。蜻蜓的翅膀薄而透明，翅脉明显可见；翅脉纹路是高低不平的，使其不易弯曲。在蜻蜓翅膀的前缘上方，有一块深色的不透明的斑纹，称为翅痣，可以消除颤振，使翅膀在高速挥动下不受影响。翅痣的仿生学应用在飞机的外形设计中。

04

中文名：巨大蚊   04

科属：大蚊科巨大蚊属
学名：*Holorusia* sp.

巨大蚊

巨大蚊，属于完全变态的双翅目昆虫。人类熟悉又厌烦的蚊子、苍蝇、蠓与
虻等都属于双翅目昆虫，它们只有一对膜质前翅，后翅特化为棍棒状，称为
平衡棒，在飞行时起到平衡的作用。在准备起飞前，这对平衡棒会快速震动，
以增加飞行速度。

中文名：绿翅木蜂 　　　　05

科属：蜜蜂科木蜂属
学名：*Xylocopa iridipennis*

绿翅木蜂

绿翅木蜂，是一种蜜蜂，与蚂蚁、其他蜂类同为膜翅目昆虫。大多数膜翅目
家族有着透明的前后翅，但前翅更大一些；膜翅目的前后翅间具有一种钩状
的结构，称为连翅器，可以勾住前翅后方一条硬化的褶，将前后翅连锁起来，
起到互相紧密配合的作用。

岗亭：
蝶舞翩翩

Chapter One
知识点10-

蝴蝶是人们都喜爱的一类昆虫，被誉为"会飞的花朵"。它们的一生，经历卵、幼虫、蛹、成虫四个阶段，幼虫阶段就是俗称的毛毛虫，这个阶段也不大讨人喜欢。

蝴蝶的幼虫绝大多数都以植物为食，一般只取食某几个科属的植物，特别挑食。雌雄蝴蝶交配后，雌蝶就会把卵产在寄主植物上，这样幼虫一孵化出来就有食物可以吃。如果一个地方有某种蝴蝶的寄主植物，那么就有很大可能会找到这种蝴蝶。

此外，花蜜多的蜜源植物也能吸引到很多蝴蝶到访。只是，蝴蝶也不都喜欢访花，还有一些蝴蝶偏偏喜欢腐败的树汁、烂果子，甚至粪便，比人们想象的更重口味一些。

在岗亭常年能见到一些蝴蝶的身影，让我们来认识一下它们吧。

中文名：虎斑蝶   01

学名：*Danaus genutia*

虎斑蝶

虎斑蝶翅是鲜橙色的，翅脉和翅边缘黑色，前翅边缘的黑色区域有几条白斑，前后翅边缘也有两行小白点，很好识别。虎斑蝶的幼虫主要以马利筋、匙羹藤、娃儿藤等有毒植物为食。

01

中文名：钩翅眼蛱蝶　　　　　02

学名：*Junonia iphita*

钩翅眼蛱蝶

钩翅眼蛱蝶翅灰褐色，翅端部呈钩状，其貌不扬，但是当它们停留在土表或者落叶堆上，其体色就是极好的保护色。钩翅眼蛱蝶的幼虫主要以爵床科植物为食。

中文名：酢浆灰蝶　　　　03

学名：*Pseudozizeeria maha*

酢浆灰蝶

酢浆灰蝶体型很小，只有拇指甲盖那么大，几乎全年可见，是很常见的蝴蝶之一。酢浆灰蝶翅正面呈灰蓝色，边缘黑色；背面有一些黑褐色边缘且有白边的斑点。它们的幼虫取食酢浆草科、爵床科的植物。

中文名：幻紫斑蝶　　　　04

学名：*Euploea core*

04

幻紫斑蝶

幻紫斑蝶的翅是黑褐色的，翅面上泛着微弱的蓝色光泽，零星分布着白点。幻紫斑蝶幼虫主要以夹竹桃、垂叶榕、弓果藤等植物为食。

中文名：报喜斑粉蝶　　　05

学名：*Delias pasithoe*

报喜斑粉蝶

报喜斑粉蝶色彩丰富，宛如粉彩画，全年都有活动。它们喜欢访花，姿势优雅，飞行速度也不快，很容易观察到。它们的幼虫取食檀香科的寄生藤。

岗亭：
造型多元的八脚生物

Chapter One
知识点11-

　　许多人对蜘蛛贴上的标签是"恶心""可怕""惊悚"……其实蜘蛛并没有那么可怕，因为经常被电影与书籍的编辑妖魔化，以至于扭曲了大众对它的印象。

　　蜘蛛是节肢动物，属于蛛形纲蜘蛛目，并非属于昆虫纲。蛛形纲与昆虫纲的最大区别——蛛形纲有8条步足，身体为头胸、腹部两部分，有一对触肢，没有翅膀，眼睛为单眼；而昆虫纲有6条步足，身体为头、胸、腹部三部分，有一对触角，大部分有翅膀、具有单眼与复眼。

　　截至2020年4月，全世界已被命名的蜘蛛有48383种，而华侨城湿地上也生活着许多不同种类的蜘蛛。请留心观察每一只蜘蛛的不同造型和多样的生存智慧，你一定会惊叹于大自然的奇妙。

01

中文名：防城曲腹蛛

01

科属：园蛛科曲腹蛛属
学名：*Cyrtarachne fangchengensis*

防城曲腹蛛

防城曲腹蛛，是一种织网蜘蛛。防城曲腹蛛有着很好的拟态，外形十分像瓢虫，身上有不规则的白色斑纹，远远看上去就像一坨鸟粪。在幼时，防城曲腹蛛体型尚小，也还未长出白色的斑纹，它会选择另外的方式觅食——趴在叶子的边缘，张开前足，等待虫子经过。

伪环纹豹蛛

伪环纹豹蛛是一种狼蛛，在湿润的生境可以发现其踪影。这种狼蛛主要是深绿色与棕色的暗淡配色，体型小，很难引起人的注意。虽然长相"平淡无奇"，但伪环纹豹蛛在农田的生物防治中起到重要的作用，因为这种蜘蛛是农田蜘蛛中的重要优势种，特别是南方稻区的常年优势种。

许多蜘蛛种类都会有护卵的行为，将卵囊随身携带，或者是守在卵囊身边。而狼蛛家族也会如此，雌性狼蛛会将卵囊黏在腹部末端，甚至还会待若蛛孵化后，让其爬上腹部，直至其可以独立觅食。

拟东方长妩蛛

拟东方长妩蛛是拟态极佳的蜘蛛，长长的体形，身体是如同枯木的暗褐色，不织网，只拉一两根细细的丝。横挂在丝上的拟东方长妩蛛，就像一根被风吹落的小枯枝，又像睡在一根丝的"小龙女"，偶尔可以观察到其长长的身体中张开的 8 条步足，第一对步足异常粗大。

拟东方长妩蛛不会分泌毒液，捕捉到猎物时，会不停地分泌蛛丝进行长时间的包裹，时间可以长达一个多小时，所以猎物是直接被勒死挤碎的。接着，拟东方长妩蛛会将消化液分泌到蛛丝上，消化液会慢慢渗透到包裹里的猎物，进行体外消化。没被消化的较粗的蛛丝会形成网状结构，可以起到过滤固态而防止噎食的作用。

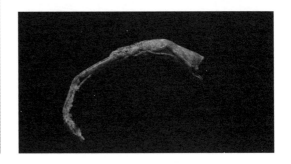

中文名：斑络新妇　　　　04

科属：络新妇科络新妇属
学名：*Nephila pilipes*

斑络新妇

斑络新妇是一种大型蜘蛛，在华侨城湿地十分常见，可以在树杈、草丛间发现其踪影。雌性斑络新妇的颜色十分艳丽，金黄色的头胸部上有一个人脸的形状，所以又被称为人面蜘蛛；黑色背面有着金黄的条纹，腹面有着白色的斑点；长长的步足，张牙舞爪地趴在巨大的网上。成年斑络新妇的网可以达到好几米长，而且黏性大，甚至可以捕捉到小型鸟类，比如，太阳鸟、暗绿绣眼鸟。对比雌性斑络新妇，雄性斑络新妇的体型十分小，身体为橙色，经常附在网的某一个角上，待雌性斑络新妇饱食后伺机而动，前往交配，否则容易被雌性斑络新妇误认为是猎物。

中文名：昆孔蛛　　　　05

科属：跳蛛科孔蛛属
学名：*Portia quei*

昆孔蛛

孔蛛家族是具有智慧与策略的一种跳蛛，喜爱捕食蜘蛛，而且可以捕食比自己体型大几倍的蜘蛛。作为孔蛛家族的一员，昆孔蛛有一招"猎食隔壁蜘蛛"的策略——在一只结网蜘蛛旁边，织一个新网，慢慢地将两个网紧紧连在一起，以悄悄潜入对方的网，再伺机将对方捕食。

昆孔蛛也会"明目张胆"地靠近猎物，但是是靠耐心取胜，它可能只在一个小时内只靠近一点距离，时而前退，时而靠左或靠右，似乎在营造一种"我只是一阵风"的错觉，待达到攻击距离后，再瞄准并跳扑猎物。

芦苇荡：
萧萧芦苇

Chapter One
知识点12-

"蒹葭苍苍，白露为霜。所谓伊人，在水一方。"这出自《诗经》的名句中所说的"蒹葭"，就是我们熟悉的芦苇。

在华侨城湿地，就有着大片大片的芦苇荡，这在深圳其他公园都是比较少见的景致。到了芦苇的花期，白茫茫的芦花随风摇曳，如梦似幻。

芦苇是重要的湿地植物，不仅在景观方面有出色的表现，也具有良好的生态作用。芦苇繁殖能力和对环境的耐受能力都很强，它们能够吸附重金属、净化水质、维持区域水平衡，也是很多生物的栖身之所。芦苇也是天然的消浪器，海潮涌起的波浪经过芦苇荡后由大化小化无，海水冲击上来的泥沙也被芦苇阻隔，使海岸避免被冲刷，得到加固。

在芦苇荡这段区域，我们能够观察到以下有趣的动植物。

01

中文名：芦苇 01

科属：禾本科芦苇属
学名：*Phragmites australis*

芦苇

芦苇是多年生的水生草本植物，植株高达 1~3 米，茎是中空的。地下还有发达的匍匐根状茎。芦苇的叶子为绿色长线形或长披针形。圆锥花序看起来像个扫把，花序长 15~25 厘米，由很多个小穗构成，每个小穗含 3~7 朵花，雌雄同株。

芦苇虽然对净化水质和维持区域水平衡很重要，但是，也需要定期人工管理，完成生长周期后枯死的芦苇植株，也会某种程度上造成第二次水质污染。

科属：夹竹桃科夹竹桃属
学名：*Nerium oleander*

欧洲夹竹桃

欧洲夹竹桃叶子轮生，细长革质，开粉色的花，花冠圆筒形，花冠喉部鳞片的顶端多裂。夹竹桃全株都含有剧毒的强心苷类生物碱，误食可以导致心脏和神经系统的毒性反应，如头晕、恶心、呕吐、心率失常、昏迷、抽搐甚至死亡。

夹竹桃天蛾

在自然界，一物降一物。剧毒的夹竹桃也有昆虫胆敢吃它的叶子，还不会中毒。夹竹桃天蛾的幼虫就是这类嗜好剧毒植物夹竹桃的昆虫，它们长得很有个性，身体碧绿，化蛹前会变为黄褐色，头部有 2 个大的亮蓝色眼斑，遇到刺激时，眼斑会突然亮出来吓唬人，好像钢铁侠和蜘蛛侠的变装版本。夹竹桃天蛾的成虫像一架涂装的小飞机，色彩丰富雅致。

中文名：夹竹桃天蛾　　　03

学名：*Daphnis nerii*

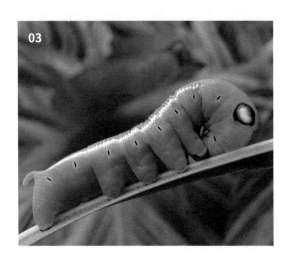

中文名：大叶相思　　　04

科属：豆科相思树属
学名：*Acacia auriculiformis*

大叶相思

我们看到的满树像镰刀一样的"叶子"其实并不是大叶相思真正的叶子，而是叶柄特化后形成的。真正的叶子在幼苗时期才能看见，第一片真叶是羽状复叶，之后真叶就退化成了叶状柄。

大叶相思开金黄色的穗状小黄花，结盘旋、弯弯曲曲的荚果，果瓣木质。

大叶相思生长迅速，耐干旱性强，可作行道树、防护林及水土保持树种。

中文名：黄蝉　　　05

科属：夹竹桃科黄蝉属
学名：*Allamanda schottii*

黄蝉

直立灌木，原产于巴西，在热带和亚热带地区作为观赏植物广泛种植。鲜黄色的花，花冠呈漏斗形，花冠管内带有红褐色条纹，喉部有毛。蒴果球形，密生长刺，看上去像个绿色海胆。花期 5~8 月，果期 10~12 月。植株乳汁有毒，人畜中毒会刺激心脏，导致循环系统及呼吸系统受障碍，妊娠动物误食会流产。

芦苇荡：
夜探蛙影

Chapter One
知识点13-

华侨城湿地生活着一群音乐家，它们是我们熟悉又陌生的蛙类。夏日，当夜幕降临，总会听到"咔咔，咔咔""哞……哞……""唧……"的蛙蛙交响曲。温暖多雨的夏季，是蛙类活跃的时期，也是它们繁殖的好时候，所以蛙蛙交响曲是雄蛙在吟唱着爱的主题曲。

4000万年前，许多鱼类的祖先还在大海中戏水，首先进化登陆的第一群脊椎动物，是两栖动物。深圳在2014年的野外记录有25种两栖动物，常见的就是蛙类。蛙类属于两栖动物下的无尾目，分为蟾蜍与蛙。蟾蜍行动较缓慢，皮肤干燥粗糙，主要生活在陆地；蛙行动较敏捷，皮肤则光滑湿润，主要是水栖。

蛙类生性胆怯，在太阳落幕后，与深圳人一起共享黑夜与月亮。许多人对蛙类的印象可能是长舌头、呱呱的蛙叫声、捕虫高手的名号，以及《蝌蚪找妈妈》的小学文章等。其实不同的蛙类有着不同的生存智慧与有趣的行为，一起走进芦苇荡的黑夜，探寻这个神秘又神奇的蛙蛙世界。

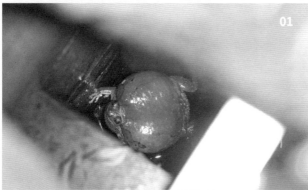

01

01

中文名：花狭口蛙　01

科属：姬蛙科狭口蛙属
学名：*Kaloula pulchra*

花狭口蛙

花狭口蛙有着狭小的嘴巴，肥胖的身躯，被称为"行走的包子"。当花狭口蛙遇到危险时，它会迅速鼓起气来，身体胀成圆滚滚的皮球，以恐吓天敌或者让天敌无从下口："我变大了，可不要欺负我！"

在华侨城湿地，夏季夜晚传来的响彻如雷又如牛叫的"哞……哞……"声，就来自此蛙。花狭口蛙鸣叫是为了求偶，它会寻找一个演奏厅，比如，下水道或者树洞，将声音放大，以提高求偶几率。

科属：蟾蜍科头棱蟾属
学名：*Duttaphrynus melanostictus*

黑眶蟾蜍

黑眶蟾蜍是华南地区人民口中的"癞蛤蟆"，它全身布满小瘤和疣，皮肤十分粗糙、干燥；腿短体胖，跳跃能力不强，但是有很强的攀爬能力。黑眶蟾蜍的耳后腺鼓大，遇到生命危险时会分泌毒液，所以一般蛇类不爱捕食黑眶蟾蜍，但有毒的红脖颈槽蛇会捕食。中药中的蟾酥就是黑眶蟾蜍耳后腺分泌的毒液所制。

虽然黑眶蟾蜍有毒，但它十分胆小。遇到危险惊慌失措逃离之时，只要附近有洞，它定会不顾自己的肥胖身躯，将自己使劲塞进洞里，常常会卡住半截身体，而屁股与腿还在洞外……在华侨城湿地，一年四季都可见到黑眶蟾蜍的身影。

02

中文名：虎纹蛙　03

科属：叉舌蛙科虎纹蛙属
学名：*Hoplobatrachus chinensis*

虎纹蛙

虎纹蛙是国家二级重点保护野生两栖动物。它的体型大，身体十分结实，在以前经常被人捕捉为食物，也就是菜单上的"田鸡煲"。如今虎纹蛙的养殖技术成熟，很少有野外捕捉。虎纹蛙的肤色极具有保护色特点，暗淡的黄绿或绿棕色的体色，布满黑点与棒状的皱纹，在斑驳的石头上，简直与之融为一体，除非它偶然一动，否则很难发现它的踪影。

03

中文名：斑腿泛树蛙　　　　　04

科属：树蛙科泛树蛙属
学名：*Polypedates megacephalus*

斑腿泛树蛙

斑腿泛树蛙是华侨城湿地也是深圳唯一一种树蛙，它的足趾端有发达的吸盘，身体瘦长，跳跃力十分强，借助这几项特点，它可谓是可以飞檐走壁。在夏日的繁殖季节，斑腿泛树蛙会选择在水边的树上、墙上或者石头上进行交配。雌蛙会背着雄蛙，确定好绝佳的产卵位置后，雌蛙排出卵子，用后腿反复踢蹬，将卵与雄娃排出的精子混合搅拌，过后会形成淡黄色的泡沫状的卵泡。待时机成熟，卵泡里的蝌蚪孵出，落入卵泡下的水池。

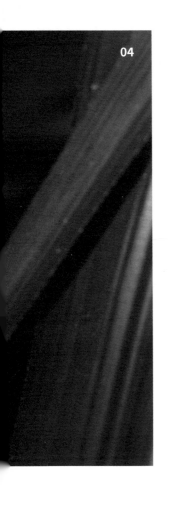

中文名：沼水蛙　　　　　　　　　　　　05

科属：蛙科水蛙属
学名：*Hylarana guentheri*

沼水蛙

沼水蛙，俗称水狗，因为它的叫声如小狗吠"gou……gou……"。沼水蛙很好辨认，有三个显著的特征：一是棕色的皮肤；二是背部两侧有明显的褶皱；三是眼睛后的鼓膜十分明显，鼓膜上有白边。蛙类的鼓膜相当于人的耳朵，用以接收声音。虽然沼水蛙很好辨认，但它十分机敏，一察觉有响声，会立即远远地蹦离原来的位置，或者跳入水中。

轻纱绿苇：
红树的生存秘籍

Chapter One
知识点14-

高盐、动荡、风吹、缺氧、日晒、潮起潮落，是红树林每日生活的恶劣环境。一棵红树的一生，会遇到无数的磨难：海水会淹没低矮的幼苗，退潮的海水会带走养分，栖息的滩涂湿地脆弱而不稳定。大自然为所有生物提供机会，只有适应者才能在这个舞台上占有一席之地。

相比于其他植物，红树的生活环境可谓恶劣至极。如果我们试着用双脚站立在红树生活的地方，感受潮起潮涌的咸水、松软的泥沙、暴晒的日光，就能深刻体会到这种环境对生命的存活是一个严酷的挑战。

这些困难没有难倒红树，它们发展出了特殊的三大技能适应环境：多样而稳固的根系、对抗过多盐分的排盐系统、特有的"胎生"现象。

一、特殊根系

一棵树能稳稳地站立在潮水来回冲刷的泥沙土壤上不是一件容易的事，红树能在这种环境立足得益于它们强大的根系。红树的根系无一不结实粗壮宽大，像一个巨型三脚架，牢牢地将上方的树冠固定在土壤中。

在华侨城湿地，我们可以观察到以下特殊的根系。

1. 支柱根：由树干分支出来向不同方向延伸的根，从不同方向牢牢地支撑着主干。

01

支柱根

01

秋茄的支柱根

2. 呼吸根：细长棒状，内有海绵组织，有助于植物的气体交换。

呼吸根　　　　　　　　　　　　02

海桑的呼吸根

二、泌盐现象

红树植物的叶片多为厚角质层构造，表皮细胞外壁很厚，内有贮水组织，可以储存水分。树叶看起来光滑厚实，表层的蜡质让叶片表面光滑透亮，有利于反射阳光，减少水分蒸发。

一些红树的叶子有特殊的盐腺构造，可以将盐分在叶面上排走。还有一些红树会将盐分储存在老叶的液泡里，落叶就可将多余的盐分一并带走。

泌盐现象　　　　　　　　　　03

蜡烛果叶子的泌盐现象

泌盐现象　　　　　　　　　　04

老鼠簕叶子的泌盐现象

三、胎生现象

种子是生命的希望和起点，高盐分和缺氧的泥土，加上海水的冲刷，对于脆弱而幼小的种子来说都不利于生长，即便长出幼苗也难以承受这样恶劣的环境。

有胎生现象的红树植物的果实成熟后，并不会马上掉落，果实里的种子选择了继续萌发，发育成带有胚轴的胎生苗，继续在母体吸收水分和养料，提高对盐度的适应性。直到胎生苗变得坚硬、成熟后才脱离母体，一头扎入潮间带的泥土中，生根发芽，长成新的植株。

就算胎生苗没有幸运地直立插在泥土里，漂流海上，它们也能随海潮漂流，在退潮后生根发育成长。这种特殊的生殖方式是高度适应环境的结果，又称为胎萌现象。

胎生现象　　　　　　　　　05

秋茄的胎生苗

06

胎生现象　　　　　　　　　　　　　06

木榄的胎生苗

胎生现象　　　　　　　　　　　　　07

秋茄的胎生苗发育出来的新植株

07

轻纱绿苇：
昆虫的生存智慧

Chapter One
知识点15-

  深夜的华侨城湿地，一场场生死大战正在悄然上演。昆虫虽然在进化历程上有着悠久的历史，但每天依然需要预防天敌、与天敌抗争，否则一疏忽，下一秒即可沦为天敌的大餐。

  昆虫家族种类繁多，每一个家族都有着不同的避敌和自卫的秘密武器。这些秘密武器都是亿万年来身处变化莫测的大自然，昆虫进化出的智慧锦囊。 每一只虫子一出生，无需虫子父母的谆谆教诲，天生就具有生存智慧的基因，就可以孤身独立地迎接大自然的生死挑战。

  轻纱绿苇里生活的昆虫，会有什么生存智慧呢？装死、伪装色、拟态、气味攻击、用毒与"刀剑"武器……

01

中文名：广斧螳　　　　　02

科属：螳科斧螳属
学名：*Hierodula patellifera*

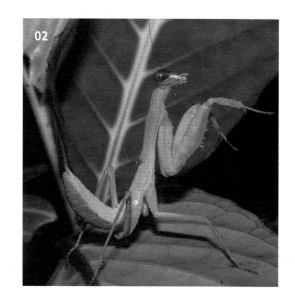

广斧螳

广斧螳属于螳螂目，又被称为"祈祷虫"，因螳螂合拢的前足，十分像双手祈祷的动作。螳螂的头部是三角形的，有着十分发达的复眼，有着锋利的咀嚼口器，为肉食性昆虫，所以螳螂是十分厉害的捕猎手。

当螳螂遇到危险时，对于体型相差不大的对手会选择还击。螳螂是人们非常熟悉的昆虫，许多人听过雌性螳螂与雄性螳螂交配时将雄性吃掉的故事，这种行为确实存在，但这是因为雌性螳螂为补充能量以产下后代。如果雌性能量足够，一般不会捕食雄性螳螂。

中文名：尾草蛉　　　　　03

科属：草蛉科尾草蛉属
学名：*Chrysocerca* sp.

中文名：齿爪鳃金龟　　　01

科属：金龟科齿爪鳃金龟属
学名：*Holitrichia* sp.

齿爪鳃金龟

齿爪鳃金龟是外壳坚硬的鞘翅目昆虫，属于金龟科。许多金龟科家族遇到危险时会选择装死。当遇到动静时，金龟科家族会将六脚一缩，任由自己滚入草丛，再趁机逃跑。因为许多的天敌比如鸟类，对于死掉的猎物是不感兴趣的。就算从高处落下，坚硬的外壳也会保护其不受到撞击的伤害。

尾草蛉

尾草蛉属于草蛉科，草蛉科的成虫与幼虫的长相差别甚大，成虫有着透明轻盈的翅膀，身体为绿色；幼虫被称为蚜狮，又被称为"垃圾虫"，很少露出真面目，因为其常常背着比身体体积大一倍的落叶、蚜虫躯体的碎屑，用以伪装自己，更好地混入蚜虫的群体，提高捕食的几率。蚜狮是用颚钳住碎屑，抬起头向后仰，波浪形地扭动着身体，将碎屑牢牢夹在身体的缝隙中。

科属：凤蝶科斑凤蝶属
学名：*Chilasa clytia*

斑凤蝶

斑凤蝶是一种完全变态的昆虫，处于不同的时期，有着不同的生存智慧。当斑凤蝶刚孵化，处于 1 龄幼虫时，身上为黄褐色与白色的体色，体表被毛，伪装成鸟粪。

待到 5 龄，斑凤蝶身体以黑色为主，侧面有着黄色的斑点，背上有一列黄色的长方形斑纹，身上已经有条状的棘刺，伪装成带刺的有黄色警戒色的虫子；遇到危险时，会吐出透明的"芯子"，如同蛇一般，同时释放出"臭味"，以恐吓天敌。

当幼虫化蛹成蝶后，成虫的异常型个体翅面为白色，布满了黑色的脉纹，拟态为有毒的斑蝶。

04

觅幽阁："鸡"不可失

Chapter One
知识点16-

在绿树环绕的华侨城湿地，隐蔽着三个观鸟屋，外表古朴自然，觅幽阁就是其中一处。木质的观鸟窗与环境融为一体，不会引起鸟儿的误撞。在观鸟屋，我们可以拿出望远镜和相机坐下，近距离、静悄悄地窥探各种漂亮的鸟儿们的样貌，观察它们的行为，在城市中寻觅幽静的自然生活。

每年的候鸟季，在觅幽阁都会有一些"鸡"不可失的鸟儿等待我们去遇见，让我们一起去见"鸡"观察吧。

01

中文名：黑水鸡　　　01

学名：*Gallinula chloropus*

黑水鸡

黑水鸡属于秧鸡科的一种中型水鸟，在深圳属于留鸟。它们长着黑色的身体，前额和嘴缘基部是鲜红色的，所以又名红冠水鸡，常见于水田、池塘和沼泽。与家鸡不同，黑水鸡善于游泳，在水中游动的姿势看起来十分悠闲。在繁殖季节，黑水鸡会以水草做巢产卵，雏鸟破壳而出后就会游水，跟着妈妈练习觅食。黑水鸡妈妈也会精心照顾孩子，嘴把嘴地教它们如何生存。

学名：*Amaurornis phoenicurus*

白胸苦恶鸟

白胸苦恶鸟又称白胸秧鸡，属于秧鸡科的一种中型水鸟，在深圳属于留鸟。生活在芦苇或水草丛中，短而圆的翅膀已失去了长远飞行的功能。传说中一个苦媳妇被恶家姑折磨虐待而死，化为苦恶鸟，发出"姑恶，姑恶"的凄苦叫声。事实上，苦恶鸟在繁殖期常常发出连续不断的"kue，kue，kue"的叫声，音似"苦啊，苦啊"，但这种叫声并不是为了诉苦，而是为了吸引配偶。幼鸟浑身黑色，如一个个滚动的小煤球，跟随亲鸟，画面温馨且有趣。

白骨顶

白骨顶是属于秧鸡科的一种中型水鸟，又叫骨顶鸡、白冠鸡，是黑水鸡的亲戚。它虹膜红褐色，头部的额甲是白色的，全身的羽毛黑色。白骨顶长着一双带着瓣蹼的大脚，可以在漂浮的植物上行走，在水中游泳时也非常好用。它们大多数潜水取食沉水植物。白骨顶是冬候鸟，在冬季可见。

中文名：白骨顶　　　03

学名：*Fulica atra*

中文名：褐翅鸦鹃　　　　　　　04

学名：*Centropus sinensis*

褐翅鸦鹃

褐翅鸦鹃属于杜鹃科的鸟类，又叫大毛鸡、红毛鸡，原产于中国，因人类的捕杀而数量直线下降，被列为国家二级重点保护野生动物。幸运的是，在华侨城湿地经常可以见到这种珍稀的鸟类。褐翅鸦鹃在深圳属于留鸟。褐翅鸦鹃长着粗厚的黑色嘴，虹膜赤红色，除了两翅和肩部为红褐色，其他部分都为黑色，尾羽长而宽，有铜绿色光泽。它们喜欢低山坡、平原村边的灌木丛、竹丛、芒草丛、芦苇丛中以及喜近有水源的环境，以节肢动物、软体动物和小型脊椎动物为食。

05

中文名：灰头麦鸡   05

学名：*Vanellus cinereus*

灰头麦鸡

灰头麦鸡是鸻科麦鸡属的一种中型水鸟。它们的嘴黄色，先端黑色，头、颈、胸部都呈灰色，腹部下方有黑色横带，其余部分白色，尾部有黑色端斑。它们的细长的脚也是黄色的，喜欢在近水的开阔地带活动，飞行速度较慢，以蚯蚓、昆虫、螺类等动物为食。每年冬天，都有不少观鸟爱好者慕名来到华侨城湿地看灰头麦鸡。

觅幽阁：
水上水下霸主

Chapter One
知识点17-

相信很多人记得杨万里的《小池》中"小荷才露尖尖角，早有蜻蜓立上头"的诗句，蜻蜓喜爱立在高处的尖端，其实是在占据领地，圈地捕食；还有熟悉的"蜻蜓点水"的成语，用以比喻做事肤浅不深入。如果单看行为，蜻蜓在水面飞行时，用腹部轻轻触碰水面的动作，其实是在产卵。

蜻蜓是半变态昆虫，稚虫和成虫之间没有蛹的过渡阶段。蜻蜓目一般分为蜻蜓（差翅亚目）与豆娘（束翅亚目），两者很好区分：蜻蜓一般体型较为粗壮，两个复眼分隔不远或者紧贴，前后翅大小形状不同，停歇时翅膀会张开横放；而豆娘的体型较为纤细，为圆圆的棒状，两个复眼相隔甚远，前后翅形状大小相似，大部分豆娘停歇时翅膀是合拢状态。

蜻蜓目在不同的成长阶段，所处生境不同，稚虫大部分在水中，成虫在水上，这样避免了成虫与稚虫在空间与食物上有冲突。同时，稚虫与成虫分头行动，成为水上与水下的霸主。成虫的英文名为"dragonfly"，为飞龙的意思，有着优秀的飞行能力，在空中快速、凶猛地捕捉猎物；稚虫又名水虿，有着发达的长长的下颚，可快速捕捉一定距离的猎物。

在觅幽阁的夜晚，运气好的话可以观察到水下的霸主——水虿爬上水面，准备蜕壳羽化为水上的霸主——展开翅膀的蜻蜓。

01

水虿

01

水虿（chài）为蜻蜓的稚虫，与颜色鲜亮带有翅膀的成虫差异甚大，暗深的体色，身上往往覆盖着一层藻类，可在水中更好地掩藏自己。水虿有一个很长的下颚，折叠在头部下方，是非常凶猛的捕食口器。水虿喜欢藏身在泥沙或者水草之中等待猎物的出现，随时预备好将长长的口器弹射出去拖拽猎物。水虿还演化出专属的呼吸方式：在水中以鳃的特殊构造呼吸。豆娘与蜻蜓的水虿可以用鳃来分辨，豆娘稚虫的尾毛演变为有三片羽毛的"尾鳃"，在腹部末端；而蜻蜓稚虫的鳃则在腹部的直肠里，肉眼不能观察到。

科属：蟌科异痣蟌属
学名：*Ischnura sengalensis*

褐斑异痣蟌

褐斑异痣蟌是一种豆娘，对比蜻蜓，体型十分小。第一眼看到褐斑异痣蟌，入眼的总是一点蓝，它的腹部末端有一个特别显眼的蓝斑，胸部与复眼是以草绿色为主，腹部的基部为亮黄色。

晓褐蜻

晓褐蜻是华侨城湿地很常见的一种蜻。晓褐蜻身上以紫红色为主，翅脉密。它有一个有趣的行为：当正午时分的太阳当头，天气炎热，晓褐蜻会抬起腹部，以减少紫外线；当黄昏时分，腹部又会迎着落日的方向，以吸取更多的热量。但只有部分种类的蜻蜓目会有与太阳"互动"的行为。

中文名：晓褐蜻　　　　　　　　03

科属：蜻科褐蜻属
学名：*Trithemis aurora*

科属：春蜓科新叶春蜓属
学名：*Sinictinogomphus clavatus*

大团扇春蜓

大团扇春蜓是一种蜓，雄雌相似。它的身体是"大黄蜂"的配色，面部主要是黄色，胸部为黄黑色粗条纹，腹部有黄色斑点，腹部末端有一对扇片状的向下突起。

昆虫微栖地：
湿地的虫虫世界

Chapter One
知识点18-

01

木桩装置   01

昆虫微栖地的木桩装置

　　在华侨城湿地漫步，你会看到一些由木桩堆成的装置，这就是昆虫微栖地。在2018年9月16日，超强台风"山竹"席卷了深圳全市，14级的大风加上狂风暴雨，相信经历过的人都不会忘记。无数的树木在台风中断枝、倒塌，华侨城湿地也是如此。如何处理这些倒掉的断木呢？华侨城湿地的工作人员想了一些办法：有一些被用来作为艺术装置，还有一些就这样与枯枝落叶堆叠在了一起，为昆虫拓展了生存环境，成为新的昆虫家园。

　　昆虫是世界上种类最丰富的动物，仅昆虫一个纲，就超过了除昆虫纲外所有门类的动物与植物总和。它们在志留纪就已出现，比恐龙的出现还早几亿年，却繁盛至今，并且发展壮大。著名博物学家、昆虫学家爱德华·威尔逊曾说过："世界上如果没有昆虫，人类只能生存几个月。因为昆虫与其他生物相融保持自然界的平衡。"

　　另外需要指出的是，我们通常所说的益虫、害虫都是相对于人类的生产生活而言，昆虫本身没有所谓的益害之分。在华侨城湿地，除了其他动物，昆虫的生命一样被尊重，不喷洒农药和杀虫剂，而是靠自然平衡生物之间的关系。

　　下面是昆虫微栖地常见的一些昆虫。

02

中文名：榕透翅毒蛾　　03

学名：*Perina nuda*

榕透翅毒蛾

榕透翅毒蛾是毒蛾科的一种中型蛾类，幼虫偏好取食桑科榕属植物的叶片，在有榕树的地方就很容易看到它。

榕透翅毒蛾的幼虫和成虫都带有毒毛，不慎被其蜇到会红肿痛痒。幼虫体色鲜艳，有红、黄、橘、黑色等颜色的绒毛，这是一种警戒色，告诉天敌"有毒！不要靠近。"幼虫结茧时会分泌几根坚韧的丝，黏住附近的叶子，然后悬在叶子中间化蛹。榕透翅毒蛾雌雄异性，雌蛾全身覆盖黄白色的鳞片，雄蛾呈灰色，翅膀透明，这也是"透翅"名称的由来。

03

中文名：斑丽翅蜻　　02

学名：*Rhyothemis variegata*

斑丽翅蜻

斑丽翅蜻属于蜻科，又名彩裳蜻蜓。它耀眼的翅膀就像定制的彩色霓裳，配色完美。在翅膀的表面还泛出珠光，非常迷人。它们的飞行能力很强，可以自如地前后左右几个方向换着飞，性格也十分机敏，能近距离地看见它们十分不易。若哪天运气好撞见正在草丛间休息的它，才能一睹芳容。

在夏天的华侨城湿地，经常可以见到一种黄黑相间的大蜻蜓在高空自由来去，这就是斑丽翅蜻。

中文名：黄猄蚁　　　　04

学名：*Oecophylla smaragdina*

黄猄蚁

黄猄蚁是蚁科织叶蚁属的一种树栖性蚂蚁，又名黄柑蚁、红树蚁，在深圳分布广泛。

在枝繁叶茂的树上，经常会看到树叶卷成的叶包，这就是黄猄蚁的蚁巢。这种叶巢靠幼虫吐丝连接，一棵树上会有好几个。黄猄蚁的工蚁全身呈橘红色，体长有 1 厘米左右，大颚发达。遇到它们的巢要保持距离，以免被它们爬上身体叮咬。

中文名：圆臀大鼋蝽　　　　05

学名：*Aquarius paludum*

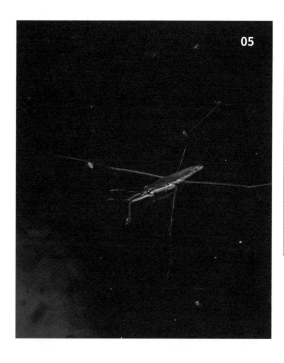

05

圆臀大鼋蝽

半翅目鼋蝽科的昆虫统称水鼋，它们身体瘦长，前足很短，用来捕捉猎物，后两只细腿在水面摊开呈"X"形，负责在水面滑行。它们在水面能以每秒大于体长百倍的速度行走，人一靠近就急速离去，有别名"水马""水蜘蛛"。

圆臀大鼋蝽是深圳水鼋里较为常见的一种，腿上有灵敏的感觉器官，能够第一时间感觉到猎物，迅速出击捕食。

中文名：埃及吹绵蚧　　06

学名：*Icerya aegyptiaca*

埃及吹绵蚧

埃及吹绵蚧是半翅目珠蚧科的昆虫，食性特别杂，寄主植物多达数百种。最容易看到的是它的雌虫和若虫，身体白色、椭圆形，身体边缘有 10 对触须状蜡质凸起。它们常常聚集在叶子背面的主脉两边吸食汁液。埃及吹绵蚧可以引起植物落叶落果，甚至全株枯死，严重影响湿地植物的生长。

06

榕透翅毒蛾（雄蛾）

昆虫微栖地：
社会性昆虫

Chapter One
知识点19-

　　说起社会性昆虫，很多人的第一印象是蚂蚁、蜜蜂与白蚁。虽然蝴蝶、蚜虫也会扎堆生活或者活动，但是这些群体不能称为社会性昆虫。因为社会性昆虫需要满足三个特点：相互协作地抚育幼体；存在繁殖上的分工；两个或更多的世代有重叠。

　　蚂蚁与蜜蜂属于膜翅目。膜翅目是昆虫中的第三大家族，数量与种类庞大，它们的两对翅膀大多都是透明膜质。除了蜜蜂，同为膜翅目的大部分胡蜂也具有社会性。

　　大多都会误以为白蚁与蚂蚁为同一家族，但其实白蚁与蟑螂的亲属关系更为接近，属于蜚蠊目。

　　华侨城湿地除了工作团队在用心经营，为市民服务，昆虫社会也在随时紧密地分工合作，为大自然"服务"。

01

中文名：和马蜂　　　　　　　02

科属：胡锋科马蜂属
学名：*Polistes rothneyi*

和马蜂

和马蜂是体型较大的一种马蜂，身体以黄色为主色，背板为黑色，有 2 条黄色的条纹。黄黑色条纹是自然界中的警戒色，所以大部分具有尾针的蜂类基本是黑黄配色。和马蜂的腹部有毒针，警惕性十分强，只要有移动物体靠近巢穴，就开始有警示行为。和马蜂的巢穴十分简单，像一个倒扣的碗，没有外围的保护，直接裸露在外。和马蜂的成虫偏爱捕捉鳞翅目幼虫，会用前足与口器将猎物"搓"成肉丸，带回巢穴给幼虫食用，但成虫并不食用，而是取食花蜜、树汁等含有高浓度糖的食物。

中文名：东方蜜蜂　　　　　　01

科属：蜜蜂科蜜蜂属
学名：*Apis cerana*

东方蜜蜂

东方蜜蜂是人们熟悉的采蜜者，当它采蜜后，后足会有一个橙色的包，是腿节上的花粉篮收集的花粉。作为社会性昆虫，蜜蜂群体由蜂王、雄蜂与工蜂组成。

工蜂一生忙忙碌碌，需要做保洁工作——清理巢穴，育儿工作——负责喂养幼虫，接收工作——接收采蜜蜂带回的花粉花蜜，筑巢工作——分泌蜜蜡建筑蜂巢，安保工作——预防与捍卫巢穴的安全，采蜜工作——采集花粉与花蜜。而雄蜂一出生就一直被喂养，无需工作，一生唯一的使命就是与未来的蜂王交配，以产生后代。但雄蜂交配后，生命即走到了尽头。

中文名：黄翅大白蚁　　03

科属：白蚁科大白蚁属
学名：*Macrotermes barneyi*

中文名：红火蚁　　04

科属：蚁科火蚁属
学名：*Solenopsis invicta*

黄翅大白蚁

黄翅大白蚁是一种常见的白蚁，是人们口中的"害虫"，因为白蚁会啃食房屋与木质家具。但其实白蚁是森林不可缺少的生态卫士，对比微生物与真菌等分解者，白蚁分解树木的速度更快速，可以高效地将植物的碳留住，转变为富含有机质的土壤。

同时，白蚁会选择性地避开健康的树，只分解老弱病残的个体，因为健康的树木会分泌一种对白蚁具有防御性的化学物质。白蚁还是我们熟悉的穿山甲不可或缺的食物。

红火蚁

红火蚁是一种危险的入侵动物，许多人闻风丧胆。红火蚁的尾刺中具有毒液，一旦人被它蜇中，轻则疼痛，引发过敏反应，重则会死亡。红火蚁原产于南美洲，因世界交通与贸易的日益发达，被带到世界各国，导致泛滥成灾。

红火蚁在地面上筑巢，蚁道可以向外延伸甚远。巢穴是不起眼的土堆，让人很容易不经意踩踏。工蚁的攻击性十分强，甚至可以攻击蜥蜴等大型动物，而且不挑食，食性杂，植物与动物皆可为其食。有红火蚁泛滥的生境，本土的蚂蚁种群、地栖型动物会减少，降低了生物多样性，导致生态系统不稳定。

05

华侨城湿地志愿者团队 05

在华侨城湿地活跃着一群普通却不平凡的人，他们用信念和行动传播生态文明、推广自然教育，为改善我们的生态环境而不懈努力着。

华侨城湿地自然学校至 2014 年成立，截至 2020 年 1 月，累计在义工联注册超过 550 人。感谢这一路有志愿者们陪伴！志愿者访谈从 2018 年 5 月正式启动，已超过百位华侨城湿地自然学校志愿者参与访谈。期待更多的志愿者参与湿地服务，成为更优秀的自己。

OCT 生态教育基地：原住鸟民

Chapter One
知识点20-

在华侨城湿地，除了冬季来过冬的候鸟，还有一批世代长住深圳的"原住民"鸟类，这些鸟在科学上有一个名称，叫做"留鸟"。留鸟活动范围较小，终年生活在它们出生的区域里，不因季节变化而迁徙，一年四季都可以看见。它们就在出生地生长和繁殖后代，一代接一代，生生不息。和我们一样，它们也是深圳城市的居民，和我们共同生活在这片土地。

在绿树成荫、水泽丰美的华侨城湿地，自然也有一批"原住鸟民"在此栖居，让我们来一睹它们的面目，认识它们的名字。

01

中文名：白头鹎　　02

学名：*Pycnonotus sinensis*

白头鹎

白头鹎属于鹎科，是深圳常见的留鸟又叫白头翁，橄榄绿色的身体，白色的腹部，黑色的头部头顶有一块大白斑，十分好辨认。白头鹎是一种杂食性鸟类，一般以植物果实、种子和昆虫为食。白头鹎性格活泼，经常结成小群"叽叽喳喳"，还会模仿其他鸟的鸣叫声，鸣声多变、婉转动听。

中文名：鹊鸲　　03

学名：*Copsychus saularis*

中文名：红耳鹎　　01

学名：*Pycnonotus jocosus*

红耳鹎

红耳鹎属于鹎科，是深圳最常见的留鸟。它最醒目的部位是头顶上那一簇耸立的羽冠和眼睛下面那一抹红色的羽簇。红耳鹎性情活泼，喜欢热闹群居，成群结队地聚集在小区和公园的树上，发出"布比—布比"或"威—踢—哇"的叫声。

鹊鸲

鹊鸲属于鹟科，是深圳最为常见的一种鸟，又叫猪屎喳，取食多在地面进行，并不停地把尾低放展开又骤然合拢伸直。雌鸟和雄鸟各有不同的外貌，最明显的区别，就是雌鸟头及胸部为灰色，雄鸟则呈黑色。

鹊鸲雄鸟的叫声响亮悦耳，变化多端，时而哀婉时而粗哑，还能模仿其他鸟的叫声。民间又称鹊鸲为"四喜鸟"："一喜长尾如扇张，二喜风流歌声扬，三喜姿色多娇俏，四喜临门福禄昌。"

中文名：珠颈斑鸠 04

学名：*Spilopelia chinensis*

珠颈斑鸠

珠颈斑鸠属于鸠鸽科，又名珍珠鸠、花脖斑鸠。它们的颈部有一圈黑色领斑，上面缀着星星点点的白点，看上去像戴着一个时髦的波点围脖。

珠颈斑鸠喜欢在村落和农田附近的地面活动，以果实、谷物、种子为食，也捕食昆虫。珠颈斑鸠俗称"野鸽子"，和我们熟悉的鸽子是同一个家族的，叫声也是和鸽子一样"咕咕咕咕"。

中文名：黑脸噪鹛　　05

学名：*Garrulax perspicillatus*

05

黑脸噪鹛

黑脸噪鹛属画眉科，也叫土画眉，棕褐色的身体，脸部有一块"黑眼罩"。黑脸噪鹛常常7只或者更多聚在一起，"叽叽喳喳"，噪杂一片，所以又别名"七姐妹"。黑脸噪鹛不怎么怕人，经常在地面活动，寻找果实和昆虫捕食，可以近距离地观察它们的活动。在华侨城湿地经常可以见到它们成群结队地觅食活动。

中文名：棕背伯劳　　06

学名：*Lanius schach*

棕背伯劳

棕背伯劳属于伯劳科。生性凶猛，头部像是戴着一个黑色的眼罩，嘴似利钩，趾具钩爪。常见它们在田野、农田和道路旁的乔木树上与灌丛中活动，有时也能见到它们停在路边的电线上。它们是肉食性的鸟类，除了吃昆虫外，它们也捕食蛙、蜥蜴甚至其他小鸟。

在繁殖期间，棕背伯劳常站在树顶端枝头高声鸣叫，并能模仿红嘴相思鸟、黄鹂等其他鸟类的鸣叫声，鸣声悠扬、婉转悦耳。

06

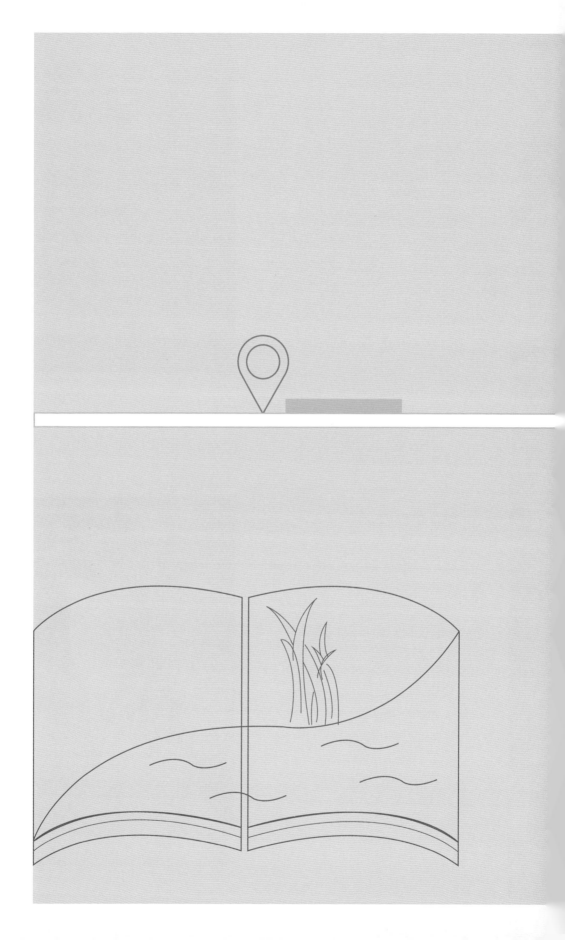

2

Chapter

第二章 Two

视嗅味听触心
湿地守护者的观察笔记

动物有动物的语言及交流方式，植物亦有自己的语言及交流方式。在华侨城湿地这个大家庭中，工作人员及志愿者以亲身感受，以第一手的观察资料，娓娓道来，跟大家一起分享，通过他们的眼睛，呈现给大家湿地一年四季轮转的生命画轴。

多样生命的竞技场

守护者：南兆旭

观察笔记：

如果时光倒流，回到 1990 年前，填海工程之前，翱翔在华侨城湿地前址上空的飞鸟，看到的是延绵的滨海滩涂、茂密的红树林和一座接一座的岗楼——这里曾是与香港遥遥相望的海岸线、戒备森严的边防禁区。

随着深圳这座城市的发展，1990 年，深圳河入口填海工程开始，在陆续填海的陆地上，发展了福田保税区及广州—深圳高速福田路段等基础建设。

到了 2007 年，华侨城集团从深圳市政府手里接管这块湿地，经过超级的填海与建筑工程，在繁华喧闹的水泥森林里，留下了这片 0.685 平方公里的湿地，当时已经千疮百孔。经过华侨城集团的改造和建设，这片湿地重现生机，有滩涂、浅海、红树林、芦苇荡、草甸及天然形成的独立小岛——鹭岛，为多样的生命提供了栖身及觅食之处。在这里，单单候鸟和留鸟就已记录到 171 种，还有 300 多种生长植物及 170 多种已经记录到的昆虫。

草木茂盛，鱼跃鸟飞，潮涨潮落。在咸淡水交汇的湿地，每一种生长在其中的生命，都是数百上千万年进化征程中的胜出者；每一种飞鸟身上，都凝聚着物竞天择修炼而成的独门智慧；每一种在水域或陆地生长的植物，无不奋力争夺每一寸生存空间，这片小小的湿地，就是它们施展智慧的竞技场。

芭蕉叶上姜弄蝶的卵等待孵化

在树上享受的红耳鹎

水蜘蛛把蚂蚁拖到水中围食

土蜂

褐斑异痣蟌

发网菌枯树上的分解者

夜色里守候猎物的斑腿泛树蛙

正在晒太阳的冷血动物长尾南蜥

夏日里的曲纹紫灰蝶

湿地的眼界

守护者：张俊鑫

观察笔记：

在距离地球 1.5 亿公里之外，那里有可以毁灭一切的力量，6000℃ 以上的太阳高温，可以轻易地将我们所认识的一切都变成灰烬。在过去近 50 亿年间，从未间断地疯狂燃烧着，这疯狂的火焰会吞噬我们的一切吗？它何时会蔓延到我们地球呢？

按照光速，这疯狂火焰仅需要 8 分钟便走过 1.5 亿公里（注：光速 C=299792.5公里 / 秒），来到我们身边。8 分钟是什么概念？成年人步行约 500 米！然而，它并没有走近伤害我们，只是远远地温柔地照亮了一切，留下七彩的世界。这也使得位于北回归线以南的深圳，有一个炎热而又漫长的夏天。

这座年轻、充满活力的城市，让无数怀揣着梦想、躁动的灵魂在此燃烧青春，想闯出一片自己的天地。华侨城湿地地处福田区与南山区的交汇处，这一片湿地安静地给深圳这片炽热的土地带来不同的色彩。

阳光经过大气层为我们留下"深圳蓝"，然后把热量传递给华侨城湿地。湿地中的 300 多种植物，灿烂地开出了各色花朵；100 多种昆虫和 170 多种鸟类也在这里找到一个属于它们的世界，迎来送往，岁月循环。

30 多年前，华侨城湿地曾与香港隔海相望。在过去 30 年间，依靠改革开放的窗口，以举世闻名的"深圳速度"，深圳已经从一个名不见经传的小渔村晋升为国际化都市，与世界接轨。而地处深圳市区腹地的华侨城湿地，也因填海工程改造，没法直接跟香港米埔自然保护区隔海相望了，而转化为内陆湿地。

深圳的发展变迁，也是一幅沧海桑田的画卷。城市的快速发展，也会有一些对环境的不良影响，比如，能见度的下降。在湿地晴朗的时候，依然能看到 10 公里外的高楼大厦及远处隐约浮现的山影。

"深圳蓝"与华侨城湿地

沧海桑田话鹭岛

守护者：杨铭

观察笔记：

在华侨城湿地的中央，有一座天然小岛——鹭岛，它是深圳湾沧海桑田的见证者，也是野生动物繁衍生息的庇护所。通过鹭岛，我们可以深切感知时代的变迁、人与自然的互动。

1980 年代，深圳湾仍处于原生状态。今天的华侨城湿地北岸只是天然海岸线的一部分，鹭岛也还是深圳湾里的一座无名小海岛。这张拍摄于 20 世纪 80 年代末的照片"鹭鸟在深圳湾"是我们可以找到的鹭岛的最早影像记录。图片显示，岛上已经开始有树木生长，岸边供游人观赏海景的步道修葺得很精致，改革开放初期的人们已经开始注重生活的品质。

1990 年代，中国迎来高速发展。深圳，作为改革开放的最前沿，大力进行基础设施建设。为修建滨海大道，深圳湾开始填海造地，大部分天然的海岸线消失殆尽。值得庆幸的是，华侨城湿地前身的一片滩涂存留下来，涨潮时形成一个大湖区，而鹭岛由于这片湖区的存在得以幸存，同时与湖区依然发挥着滨海湿地的生态功能，为水鸟提供食物和栖息地。

但是由于缺乏管理，那时的华侨城湿地受到各种人为干扰，成为肆意排放污水、倾倒垃圾的场地，也是许多非法水产养殖者的乐土。这个时期，鹭岛见证了华侨城湿地最暗淡无光的日子。

幽暗的岁月稍纵即逝，转机却在不远处。2007 年，华侨城集团从市政府手中接管了这片湿地，通过对湿地历时 5 年的综合治理，使华侨城湿地成为深圳湾滨海湿地生态系统的重要组成部分，这座无名小岛也因众多鹭鸟在岛上栖息而得名"鹭岛"。

现在的鹭岛植被茂盛、林木葱郁，拥有红树在内的近 30 种原生植物，相对独立的环境为鸟类提供了安全舒适的栖息地。

华侨城湿地利用地处现代化大都市腹地区位优势，2014 年初在深圳市人居环境委员会（现为深圳市生态环境局）和深圳市华基金生态环保基金会的支持下，建立了深圳市首个自然学校。华侨城湿地自然学校广泛招募志愿者，将其培训成为环保志愿教师，向公众传递环保意识、公益精神。华侨城湿地还先后与深圳市义工联环保组、深圳市狮子会合作，向公众提供引导服务。

华侨城湿地的演变见证了这座城市的变迁，也见证了人们对自然理解与认知的转变。

华侨城湿地志愿者

鹭岛在深圳湾

鹭岛成为鸟类最佳栖息地

伯劳

现在的华侨城湿地已经成为留鸟的理想家
园，候鸟的最佳冬季栖息地。

海岸卫士家族 — 红树林

守护者：叶继峰

观察笔记：

"再没有一种树，像红树植物一样和深圳人如此相像。"这是南兆旭老师对红树植物的高度评价，阐释了红树植物的坚忍不拔精神与深圳人的顽强拼搏精神不谋而合。

中国原分布真红树植物种类有24种、半红树植物12种，主要分布在浙江、福建、广东、广西、海南、香港及台湾。在华侨城湿地里，生长着9种真红树植物，它们分别为秋茄、木榄、桐花树、老鼠簕、白骨壤、卤蕨、海漆、海桑和无瓣海桑；其中，东区红树林里还生长着一株树龄超过百年的秋茄。

在陆地上，各种植物为了生存而不断地争夺阳光、土地、养分和水分等，除了互相竞争外，同时也促进了植物的进化。它们之间有互惠互助的，有相生相克的，有唯我独尊的，有以退为进的，等等。红树植物深感生存压力大，于是在漫长的进化过程中，修炼出一套独特的"武功"，让其可以在严苛的海边生存繁衍，悠然自得地享受着，成为独占一方的"诸侯"。

红树植物生活在滨海湿地，有着独特的生存本领：

1. 独特的泌盐现象。

A. 红树植物的叶子有特殊的盐腺构造，盐分排出叶面会形成白色结晶，当风吹雨打时盐晶被带走；

B. 将盐分运输到老叶的叶泡储存，等落叶就带走；

C. 利用水泵原理，可以防止盐分从根部进入。

2. 减少海边暴晒环境的伤害。

A. 有些叶面有蜡质厚角质层，阻隔外部高温，防止水分蒸发，像穿了防晒衣；

B. 叶面反光，可反射阳光，减少水分蒸发，像在车前挡风玻璃挂一块反光垫；

C. 叶面表皮之内的内皮层有贮水组织，有无数的小"水壶"把经过自身淡化后的珍贵水源储存起来。

3. 具有特殊的根系—呼吸根、支柱根、板根。

A. 滨海泥滩的土质松软并且缺氧，红树植物的支柱根、板状根可以支撑树干，防止潮起潮落的时候植株被海水冲走；

B. 更好地扎根滨海滩涂，作为抵挡台风、巨浪的"海岸卫士"，保护我们的家园不被破坏；

C. 膝状根、直立呼吸根（有海绵组织）帮助树干呼吸，进行气体交换。

4. 独特的繁衍后代方式——胎生、隐胎生及海漂。

A. 胎生——红树为提高自己后代成活率的独特繁殖方式，如秋茄、木榄同为胎生苗；

B. 隐胎生——种子萌发后仍留在果皮内，把果皮填满，当果实掉入水中，果皮吸水胀破后，幼苗才冲破果皮插入泥中开始生根，如桐花树、老鼠簕、白骨壤同为隐胎生；

C. 海漂传播种子（果实）——果皮具木栓纤维层，可浮于水面，远漂传播，如水椰、银叶树等。

总而言之，红树林是热带海岸的重要生态环境之一，具有防风消浪、促淤保滩、固岸护堤、净化海水、调节气候等重要的生态价值，同时红树林也是候鸟迁徙的栖息地及"加油站"，抵挡海浪强风的"海岸卫士"，也是生态研究中心和人们休闲度假的理想场所。

海桑

叶柄红色，花丝红色，花萼与球形浆果接
连处有一红圈，好认又好看。研究其耐
盐、适应干旱的生理特性以及特殊的形态
结构，对深入了解诸多盐生植物有着重要
帮助。

秋茄

因为秋天结果，从果实长出的胚轴形像茄子，因此得名秋茄，又因其身材笔直，台湾同胞俗称其为水笔仔，果实顶上的"皇冠"是区别秋茄的最好特征，胚轴下端稍微鼓起的是它的"粮仓"。

海漆

海漆的总状花序犹如一条绿色的"毛毛虫"。马来西亚沙捞越地区的渔民会用有毒的海漆乳汁制作毒箭毒鱼，同时汁液会导致皮肤生疮或瘙痒。

红树呼吸根

无瓣海桑

泌盐

沧海桑田说榕树

守护者：陆葵霞

观察笔记：

"池塘边的榕树上，知了在声声叫着夏天……"，这句来自台湾歌曲《童年》中的歌词，相信很多南方人的童年记忆里，都有这样一棵陪着长大的百年榕树。小时候，我常去扯胡须般的随风飘动的气生根，更多时候，在宽阔的绿荫下与小伙伴玩游戏，或听老人讲久远的家族故事。

过年的时候，树枝上会被系上红丝带。树下还有小小的土地庙，供奉着土地爷，保佑大家风调雨顺，丰衣足食，平安喜乐。现在，这长长的气生根如风筝线一样，把我们拉回到童年的故乡。深圳原来是渔民小村，亦栽种了许多榕树，其中一些榕树树龄已经超过 150 年，这些古榕树恍如胡须老爷爷，见证深圳的沧海桑田见证，从一个边陲渔民小村发展成为国际化大都市。

上述的乡土植物榕树，是指小叶榕（或叫细叶榕，学名为 *Ficus microcarpa*）。实际上，深圳栽种着 10 多种桑科榕属植物，除了小叶榕之外，还有高山榕、印度榕、垂叶榕、黄葛榕，等等。

中国改革开放中最伟大的设计师邓小平在深圳仙湖植物园种下一棵高山榕，几十年过去了，这棵高山榕已经从昔日小苗茁壮成长为大树，引导中国很多年轻人如候鸟一样飞往深圳，把深圳建设成美好且有活力的现代化城市。

桑科榕属植物约有 1000 多种，主要分布在热带、亚热带地区。深圳有桑科榕属植物 10 多种，常作为行道树或者孤植作为绿化树。榕属植物具有隐头花序，花序托内有雄花、瘿花和雌花，有些是雌雄同株，有些是雌雄异株，主要是靠一种叫榕小蜂的昆虫来授粉。榕小蜂钻进花序托后，在里面产卵繁殖，同时也帮助植物授粉，榕小蜂和榕属植物之间是协同进化关系。

桑科榕属植物除了隐头花序的特点之外，有些还有明显的气生根特征及绞杀现象。它们长长的气生根悬挂空中，慢慢垂直长到地里成了支柱根，构成了独木成林的景观。气生根附着在其他树上，可以让其他树无法吸收阳光而被绞杀死，形成一个镂空树。

在华侨城湿地，也栽种着多种桑科榕属植物，主要有小叶榕、高山榕、垂叶榕、对叶榕、印度榕、水同木、青果榕等。这些植物上的软松的榕果，给园里许多动物，比如一些鸟类，提供了美味口粮。

从华侨城湿地的西门入园，步行几十米左右，就可以见到几种榕树，我们一起来找找，并观察有多少种动植物在依附着榕树生活吧。

榕树

啊喂，我才不是杜鹃花

守护者：罗雅蓝

观察笔记：

　　华侨城湿地一年四季都五彩斑斓，其中，簕杜鹃贡献了很大力量。簕杜鹃的枝条上有刺（粤语中，"簕"为有刺的意思），而"花"又像杜鹃花般美丽，所以，广东人常称为"簕杜鹃"。很多人因为它的名字而以为簕杜鹃是杜鹃花的一种，但实际上，它与杜鹃花连远房亲戚都算不上，没有一点关系。

　　簕杜鹃，一些南方城市又称为三角梅、叶子花，在台湾被叫做"九重葛"，是紫茉莉科植物，原产于巴西，被我国南方城市引进作园林观赏植物。之所以有这么多俗名，都是因为它美丽而独特的外形。簕杜鹃的苞片看起来像花，其实是一种特化的叶子，而中间那黄白色小小的像小喇叭一样的才是它真正的花朵。每一小枝都是3片苞片、3朵花，成簇的簕杜鹃聚在一起时，周围的环境都被点亮了。

　　很多人对簕杜鹃的印象就是成片的紫色、红色，攀爬在树枝、墙头等，以至于大家都以为簕杜鹃是藤本植物，其实它是藤状灌木。在湿地沿途行走，你会发现簕杜鹃不同时期的形态：有一些刚生长而比较低矮的，一看就是灌木的形态；而有一些已经生长得非常茂密、爬上树枝的，有点像藤本。认真观察它们的藤状枝条，与柔弱的藤本植物的茎差别还是很大的哦！

　　簕杜鹃的苞片颜色有多种，常见的有紫红色、橘黄色、粉红色、黄色、白色、淡绿色等，色彩缤纷多样，但大家对簕杜鹃印象最深的依旧是紫红色。有人说这个颜色代表着热情、坚忍不拔、顽强奋进的精神，就像深圳人的精神，所以它也被选为深圳的市花。

　　当簕杜鹃在华侨城湿地绽放的时候，它也承载着湿地人热情、坚忍不拔、顽强奋进的精神，守护着这片湿地。

02

03

01

树也会怕痒：紫薇

守护者：方晓婷

观察笔记：

在华侨城湿地办公区建筑旁种植了几株紫薇，传说它很怕"痒"。假如你用手轻轻碰触它们光滑的树干，紫薇树就会随着你的动作微颤，就像整棵树因为你的"挠痒痒"而在"咯咯笑"一样。但是，植物真的会怕"痒"吗？

有人认为紫薇树干含有一种特殊物质，类似人类的传感神经，可以感知外来的刺激并产生反应；也有人认为紫薇树冠较大，树干细而长，导致"头重脚轻"，重心不稳，因而容易摇晃；也有人认为是植物本身生物电的作用……虽现在还未有定论，但这不影响我们欣赏它的美。

紫薇避开喧闹的春天，将花开在盛夏。其"死而不僵"的特性是特别的，在冬季，它死如枯木；即使到了万物复苏的春天，也仍旧不见起色；一直要等到百花殆尽的暮春，人们开始为之叹息，以为它早已死去的时候，它才开始慢慢苏醒，并长出嫩绿的细叶，待到某个不经意的夏日早晨，开出一穗长长的花来，引人惊叹。

园区里的紫薇花色非常特别，是少见的紫色。紫薇为圆锥状花序，一朵花上有6片长长的离瓣花瓣，前部褶皱似裙摆，后部细长如丝，不仔细看会误以为是小花的拼凑。

紫薇的特别不仅仅在于其花瓣，而且还在于它的雄蕊和雌蕊。在一朵花中可见1枚长长的雌蕊，雄蕊却具有不同形状的两层，外围一层6枚凸起的雄蕊，绿色花药朝下；中间内层是几十枚雄蕊竖起，黄色花药朝上，即二型雄蕊。

它为什么进化出如此特别的雄蕊呢？如果下次你碰到蜜蜂采蜜的话，可能你会得到答案。紫薇花的雄蕊进化出两类，一类突出黄色花药来吸引昆虫，另一类隐秘的绿色花药用来授粉，从而防止了没有授粉者或花粉全被授粉者吃光的局面。

为了保障后代的延续，紫薇进化出如此特别的长、短雄蕊，形成独特的授粉机制，真让人惊叹，大自然真神奇！

紫薇的雄蕊

细看紫薇的花，雄蕊有明显的两层，外围一层 6
个凸起的雄蕊，花药绿色，朝下；内层几十枚竖
起黄色花药的雄蕊在中间。

与众不同的树干

紫薇的树干是灰白色或浅灰色，树皮光滑，片状脱落，
越老越光滑。冬季叶子落光后，其小枝会一起脱落，
只剩光秃秃的树干，仿佛干枯了许多年的枯木一样。

植物种子的旅行

守护者：陈银洁

观察笔记：

世界万物每一种生命都有它们独特的生存智慧，面对无处不在的挑战，它们创造出了形式多样的方式来繁衍后代。牛马有脚，飞鸟有翅，而遍布世界的植物，又是如何通过神奇的本领让种子四处旅行，处处安家？

方式一：御风而行

风是无处不在的，地球上的风就成为种子旅行的"免费车"。第一种方式是借助风力散布。这类种子，一般细小而质轻，种子带种毛，或者果实带翅。这些特殊的构造，适合借助风力飞翔。

小时候，常以吹散蒲公英为乐。当蒲公英的花瓣凋谢时，花冠会在一到两周多的时间里，转变为复杂而又奇妙的绒球，每个绒球都精确地排列着上百粒种子，翘首盼望着风的到来。当风姑娘一吹，这些可爱的带毛种子，就乘着各自的小"降落伞"，四海为家，开始了一次有趣的旅行。

在华侨城湿地，铺天盖地长着的芦苇，也有着与蒲公英相似的本领。芦苇的顶端长着一簇棉花一样的花絮，毛茸茸、轻飘飘。当它成熟后，就会被风吹起来，种子挂在绒毛的底端随风飘荡。

方式二：自力更生

种子的另一类旅行方式是依靠自身所产生的力量来完成。在夏末秋初时，当我们走进野草丛生的山野时，常会听到"僻拍、僻拍"的响声，有时甚至会受到突然的袭击。原来这是一些植物的果实已经成熟，由于果皮干燥，水分减少，产生弹力而爆裂，把种子飞弹出去。华侨城湿地里常见的非洲凤仙、洋紫荆、凤凰木等的种子，都是采用的这种传播方式。

方式三：借动物传播

除此以外，湿地植物里，聪明种子还真不少：白花鬼针草依靠误入乱花深处的动物传播种子，搭乘"顺风车"；小叶榕则靠鸟儿的排泄传播种子等。这种传播方式，不管是主动式还是被动式，在四种传播方式中，占着较大的比例。

方式四：借水力传播

除了借助风力、自力、动物和人类的携带之外，还有依靠水力传播，华侨城湿地里生长着不少红树林植物，比如，秋茄、木榄、海桑、无瓣海桑等红树林植物，它们都是靠水力传播，把孩子送到更远的地方去繁衍。

好儿女志在四方，植物的种子成熟了也要走出摇篮去远行。在亿万年的进化过程中，每种植物都有让自己的种子"旅行"的特殊本领，使得生命生生不息，这种神奇的现象，令人类惊叹不已！一句话，"八仙过海，各显神通"。华侨城湿地有那么丰富的动植物资源，只要你仔细观察，你随时可以发现身边植物传播种子的现象，智慧处处存在。

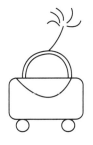

白茅

白茅种子的传播和芦苇有异曲同工之妙，为数众多的种子随风飘向远方。

海芋

海芋的果聚生，鲜红形似一个火炬，这种小浆果是鸟类喜欢的饭后果，色泽鲜艳，有甜、有酸等多种口味，这么诱惑就会招致被吃掉，但也因"祸"得福。它们的种子通过消化道后随鸟粪排出，而鸟粪是天然有机肥料，孕育传播种子茁壮成长，同时，靠鸟类传播种子是各种传播方式中传播距离最远的。

酢浆草

有的植物靠自身力量传播种子。开小黄花的酢浆
草和开小红花的红花酢浆草，花后结具五棱的蒴
果，成熟时，果沿室背开裂，果壳卷缩，将种子弹出。

白花鬼针草

白花鬼针草，生长于路边荒地上。瘦果条形，四棱木，稍有硬毛，冠毛芒状，3~4 枚，芒刺上具倒刺毛，常黏附到动物的毛、鸟儿的羽毛和人的衣服上，种子随着动物的运动传播。

守护一片湿地·守候黑脸琵鹭

守护者：蒋晓迪

观察笔记：

黑脸琵鹭，俗称"饭匙鸟"，其扁平如汤匙状的黑色长嘴，与中国乐器中的琵琶极为相似。此外，它有黑嘴和黑色腿、脚，前额、眼线、眼周至嘴基的裸皮黑色，形成鲜明的"黑脸"，因而得名"黑脸琵鹭"。黑脸琵鹭是国家二级重点保护野生动物，2018 年全球黑脸琵鹭同步调查显示，全球仅有 3941 只；到了 2019 年，调查显示黑脸琵鹭数量上升到 4463 只，增加了 522 只，形势可喜。

黑脸琵鹭捕食时，把嘴伸进水里，半张着嘴，在浅水中一边涉水前进一边左右晃动头部扫荡，通过触觉捕捉到水底层的鱼、虾、蟹、软体动物、水生昆虫和水生植物等各种生物，捕到后就把长喙提到水面外边，将食物吞吃。当它脖子左右扫动的样子还真像人们拿着筷子在"涮火锅"呢！

黑脸琵鹭是全球濒危珍稀鹮科鸟类，它已成为仅次于朱鹮（同属鹮科）的第二种极濒危的水禽。黑脸琵鹭对生态环境要求较高，成为湿地生态系统是否健康的指标。每年秋天，在华侨城湿地都能看到跨越千山万水翩然而至的黑脸琵鹭，在华侨城湿地休憩、觅食；至翌年 3~4 月份离开，返回北方繁殖，每年周而复始。

华侨城湿地人守护一片湿地，守候黑脸琵鹭的到来，华侨城湿地的 LOGO 中央，那只姿态挺拔、长嘴扁扁的鸟就是黑脸琵鹭。

黑脸琵鹭

是它，长大啦！

2018 年 2 月，在华侨城湿地现身的黑脸琵鹭，眼睛下方有黄色斑块，可推测这只黑脸琵鹭已是成鸟了。根据湿地工作人员 2015—2018 年的观察，猜测这只黑脸琵鹭就是 2016 年来湿地的那只，可以说华侨城湿地见证了它从幼鸟到亚成年再到成鸟的过程。

侨城湿地的"守望者"：灰头麦鸡

守护者：胡悦

观察笔记：

每年候鸟季开始的时候（9、10月份左右），华侨城湿地都会迎来一群从北方飞来的忠实"粉丝"，它们应该算是候鸟季最早的旅客，每次都是默默地飞到观鸟屋前的滩涂上，凝望着华侨城湿地的生态展厅。它们就是华侨城湿地的"守望者"——灰头麦鸡。

当朋友听到"灰头麦鸡"这个名字的时候，第一反应就是——它是一只"鸡"，然而，这是一个美丽的误会。其实，灰头麦鸡不是鸡形目雉科的鸡，而是鸻形目鸻科的中型水鸟。它是典型的旷野型鸟类，喜欢在开阔半裸的草丛和滩涂上休息，这也是为什么在华侨城湿地特别容易见到它们的原因之一。除此之外，它们也很需要在草丛或滩涂上找昆虫（主要为鞘翅目类、直翅目类昆虫）作为食物，偶尔也会吃一些植物的种子及叶子。

每年9月至翌年的4月，灰头麦鸡会在华侨城湿地越冬，常成对出现。曾经有人观察到成鸟带着亚成鸟（亚成鸟胸前无黑色胸带）进行活动。别看平常时候的它们非常"温顺"，然而在繁殖期有强的攻击性和警觉性，甚至有文献记录它们会攻击诸如喜鹊那样集群好斗的鸦科鸟类。

幼鸟是典型的早成雏，在破蛋后第二天就可以离巢行走。独特的巢穴环境（开阔的裸滩）让幼鸟有一种天生的机敏和警觉，这是鸟类演变进化的结果，以适应环境。我们应该对自然界的生命怀有敬畏和珍惜。

每年的候鸟季，华侨城湿地都是这些候鸟们的天堂，而灰头麦鸡就静静地待在滩涂上，看着人来人往、云卷云舒，只不过是默默地守护在这一片土地，和湿地人一起守望着这一弯美丽的湿地。

喜爱开阔滩涂的灰头麦鸡

灰头麦鸡是典型的旷野型鸟类，喜欢在开阔半裸
的草丛和滩涂上休息。

参考文献

晏安厚. 灰头麦鸡生态的初步观察 [J]. 四川动物
1986,(3): 38-39.
黄族豪，郭玉清，徐兵，等. 江西吉安灰头麦鸡的
繁殖生态研究 [J]. 四川动物 , 2012, 31(5): 772-774.

最熟悉的陌生人：变色树蜥

守护者：陈炯均

观察笔记：

在地球上分布有 3000 多种的蜥蜴，它们大多生活在热带和亚热带地区；在我国则生存着 150 多种，主要分布在我国云南、广东、广西、海南等地。说到深圳常见的蜥蜴，当属变色树蜥，别称马鬃蛇、雷公蛇、鸡冠蛇，属于蜥蜴亚目鬣蜥科树蜥属，多生活于稀疏树林下、灌木丛中。它们头大眼小，身体浅棕色或灰色，背面具 5~6 条黑棕色或横斑，尾部具深浅相间的环纹。

现在随着城市化进程的不断发展，变色树蜥的生存环境不断被压缩，能看见它们的机会可谓是少之又少，所以能在华侨城湿地看到变色树蜥，是缘分与运气。

变色树蜥大多生活于华侨城湿地生态展厅旁的灌木丛里，最喜欢做的事情就是趴在树干上享受"阳光浴"。它们会慢慢调整体色，几乎与树干融为一体，如果它们不动，很难被发现。然而，这些家伙为了爱情可以暴露一切，雄性的变色树蜥在繁殖季节时，头部和上半身会变成红色，然后大摇大摆地在展厅前的木板上行走，寻求着属于自己的另一半。当然，当它受到威胁、感到恐慌的时候，也会变化体色。

一般来说，蜥蜴尾巴自切是为了避开追捕者，舍去尾巴，吸引追捕者，让自己有足够时间逃生。然而，树蜥属的蜥蜴是不具备尾巴自切能力的，变色树蜥就是其中一员，其尾巴的作用是保持身体的平衡，一般较长且不易断掉，一旦断尾会导致野外生存能力显著下降。

野生动物在大自然里都是适者生存，物竞天择，有自己的适应自然的能力，这些生灵都应值得被温柔对待，不打扰就是我们对它们的温柔了。

变色树蜥　　　　　　　　　　　　　　01

你瞅啥：变色树蜥发情时身体的上半截和头部会
变成鲜红色以此来吸引异性的注意。

你看不见我　　　　　　　　　　　　02

变色树蜥在树干栖息时身体颜色会变成接近于树
干的颜色，不仔细观察很难发现。

我们不一样　　　　　　　　　　　03 /04

变色树蜥可不是变色龙，变色龙属于避役科，变
色树蜥属于鬣蜥科。

变色树蜥头较大，吻钝圆，吻棱明显，雄性头部要大于雌性；头体长 10~12 厘米，尾长大约 30 厘米；背面浅棕色，杂有深棕斑块，眼四周有辐射状纹，背部有一列像鸡冠的脊突，所以又叫鸡冠蛇。

湿地的美艳毒客：虎斑蝶

守护者：任若凡

观察笔记：

在华侨城湿地，有许多种蝴蝶。它们各有特色，有的低调，有的比较活泼，比如虎斑蝶。

在湿地，虎斑蝶属于很常见且易于观察到的蝴蝶之一。它们特征鲜明、色彩斑斓，仿佛不知疲倦一般，时时蹁跹在花丛间，十分活泼。

虎斑蝶估计也是属于吃货行列的，嘴就吃个不停，不像其他有些慵懒的蝴蝶喜欢歇脚，它十分贪嘴，每朵花都想要尝尝味儿。

不过虎斑蝶也是"有原则"的蝴蝶。在华侨城湿地，最吸引虎斑蝶的居然是白花鬼针草，白花鬼针草并不属于常见有记载的那几种虎斑蝶寄主植物，不知道是湿地的白花鬼针草特别美味，还是这一片区的虎斑蝶就好这一口。

蝴蝶的天敌不少，比如鸟、蜥蜴、蜘蛛等，而虎斑蝶却能够如此不低调，是有底气的。萝藦科的天星藤是虎斑蝶的寄主植物之一，虎斑蝶的幼虫以有毒的天星藤为食，毒素就会逐渐积聚在其体内。它们身上颜色鲜艳，有明显的黑、白色的条纹，其实是用来警告捕猎者它们是有毒的。虎斑蝶的毒性强，连蜥蜴都不敢吃它们，以至于其他一些无毒蝴蝶也模仿其斑纹和颜色，跟风走在了"蝶界时尚"的最前沿。真是"得不到的永远在骚动，被偏爱的都有恃无恐"呢！

那么，一些爱思考的同学也许会问了："为什么虎斑蝶的幼虫不会出现在华侨城湿地呢？"

如果湿地没有天星藤或者其他虎斑蝶的食物，那虎斑蝶的幼虫就不会出现在湿地，但是成虫依旧可能会被花蜜诱惑过来。湿地的白花鬼针草是虎斑蝶的蜜源植物之一，而不是寄主植物。

"我不是归人，是个过客……"

虎斑蝶

一只虎斑蝶正在吸食
白花鬼针草的花蜜。
颜色鲜艳夺目的虎斑蝶,
其实并不好惹哦!

生命从水开始：蜻蜓

守护者：张然

观察笔记：

从水中开始

在文学作品中，"蜻蜓点水"有时会被用来形容轻轻的一吻，实际上反过来用轻轻一吻来形容蜻蜓在飞行时用尾巴轻触水面的动作也十分恰当。在雌雄蜻蜓完成交配之后，随着雌性蜻蜓一次又一次地轻吻水面，卵从尾部排出，落入水中静静地等待孵化的那一天。

蜻蜓的稚虫被称作水虿（chài），"虿"是古代对于凶恶毒虫的统称，所以"水虿"就是指在水中十分凶恶的捕食者，意为蜻蜓稚虫肉食性，性情凶猛，喜欢捕食小型水生昆虫及它们的幼虫。不同种类的蜻蜓，水虿发育的周期有长有短，短的只需要 2~3 月，最长的足有 7~8 年。蜻蜓的生活史分为卵、稚虫、成虫三个阶段，属于典型的不完全变态，从稚虫发育到成虫并不需要经历结蛹这一步骤。

在雨天飞翔

民间谚语常说："蜻蜓低飞，不雨也阴"，用蜻蜓低飞的行为作为预测天气的参考。人们通常认为是由于潮湿和低气压的缘故导致蜻蜓难以飞高，实际上并非如此。相较于蜻蜓，潮湿和低气压对其他飞虫的影响更为显著，蜻蜓在低空飞行更多是为了捕食在这一高度活动的猎物。

蜻蜓是昆虫中顶级的飞行能手，4 片翅膀都可以独立运动，这赋予了蜻蜓完成各种高超飞行技巧的能力。在蜻蜓翅膀的末端前缘有一个特殊的角质加厚结构，这个叫做翅痣的结构可以抵消翅膀在高速运动时产生的震颤，从而起到保护翅膀的作用。

在航空发展早期，飞机经常由于剧烈的震动导致机翼断裂，设计师从蜻蜓的翅痣中得到了灵感，在机翼尾端的前缘进行了加厚，解决了这个令人棘手的问题。

晓褐蜻

晓褐蜻（*Trithemis aurora*），
又名紫红蜻蜓，雄性体色为
紫红色，额头上有蓝黑色金属光泽。

蜻蜓的眼睛结构

华斜痣蜻

华斜痣蜻（*Tramea virginia*）
的后翅基部有明显的红褐色斑，
雄虫有水平或腹末翘起姿态停栖
在草端的习性。

湿地夜行者：蝙蝠

守护者：张俊鑫

观察笔记：

　　每当夜幕降临，城市路灯自动亮起，华侨城湿地的空中开始闪过一个个漆黑的身影。位于城市中心区的湿地，也是一片难得保留"黑暗"的栖息地。这黑夜里敏捷的身影，常常是被挂上"吸血鬼""恶魔"等负面形象，使人惧怕。而在中国古代的一些画像、器皿却也能见到蝙蝠的图像，这如鼠辈一般的形象，又是如何登上大雅之堂的？

　　蝙蝠是一种古老而又特殊的生物，与我们同为哺乳动物，是唯一具有真正飞行能力的兽类，它的"手"由一层皮膜与身体相连，形成一个没有羽毛的翅膀——翼手。但它并不凶猛，大部分的蝙蝠以昆虫为食，其余的则多以花蜜、水果等为食，而倒挂于阴暗处、昼伏夜出的习性以及其貌不扬的外形总让人误解。

　　在漫长的演变过程中，在大自然众多共同生存的生物中，蝙蝠找到它特殊的生态位，进化出与环境相容的生活习性、超声波及飞行等特殊技能。其脚部无法行走，也无法助跑起飞，而是适应于倒挂于高处，也更利于滑翔飞行。在中国古代，也因其飞行的形态特殊及与鼠类相似的外形，被称为伏翼、仙鼠、天鼠等。还因"蝠"与"福"同音，古时人们常将蝙蝠的形象画在年画上，象征福气。

　　蝙蝠的种类繁多，全世界现存的蝙蝠多达900多种，约占哺乳动物种类的1/5。蝙蝠是为数不多栖息在湿地的哺乳动物。以昆虫、花果等为食，栖身在湿地角落里的它们，也是一种重要的"益虫"，传播花粉、种子，承担着平衡昆虫数量等生态功能。由此，2011年被联合国环境规划署定为"国际蝙蝠年"，以宣传蝙蝠给生态系统带来的益处。夜晚的世界丰富多彩，不仅有深圳人的绚烂多彩，湿地的蝙蝠、昆虫、蜘蛛、蛙类等生物的"夜生活"也同样多彩。

在蒲葵叶下休息的犬蝠

注：华侨城湿地为了不影响湿地生物的栖息，夜
间步道不开启路灯，尽量保持环境自然昼夜规律。

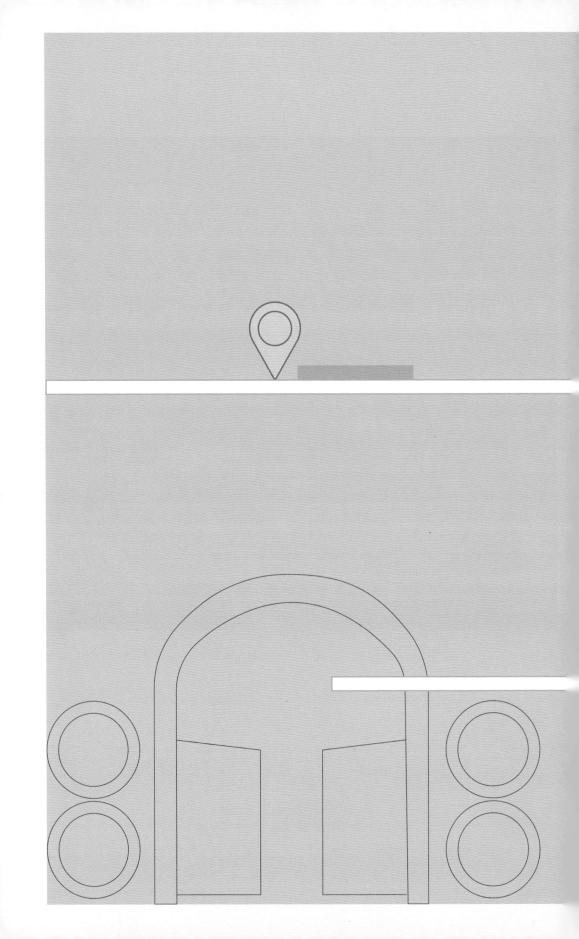

3
Chapter
第三章 Three

前世今生
华侨城湿地的发展历史

深圳特区在过去短短的几十年时间里，从一个边陲小渔村跃为国际大都市，中间经历了一些巨大的工程项目。锦绣中华景区、世界之窗景区成立及滨海大道的填海修建就是其中一部分，以及华侨城集团接手后的湿地改造。也正是这些，成就了华侨城湿地的昨天和今天。让我们一起走进华侨城湿地，看看它的前世和今生。

前世今生：华侨城湿地的发展历史

Chapter Three

华侨城从深圳湾畔的一片滩涂起步，经过 30 余年的建设与发展，华侨城产业布局遍布全国 20 多个城市，缔造了一个又一个奇迹。多年来，华侨城集团培育了旅游及相关文化产业经营、房地产及酒店开发经营、电子及配套包装产品制造等国内领先的主营业务，通过独特的创想文化，致力于提升中国人的生活品质。

作为优质生活创想家，华侨城不仅着力产业发展，还致力于用艺术提升城市文化品位，尊重自然、保护自然。营造绿色生态环境是华侨城生态公益的核心。30 余年来，华侨城集团在旗下项目建设过程中，始终坚持"生态环保大于天"的环保理念，秉持"在花园中建城市"的开发理念，打造了一个个环境优美、功能完善的生态人文景区、社区。

30 多年前，随着潮汐带来无限的生机，优质生活创想家在深圳湾的这泥滩边上，与这座城市一同开启沧海桑田的蜕变，在这花园中的城市，用欢乐打开通往世界的窗口，扬帆起航，与候鸟们相会在这座 125 公顷的泥滩，续生态与欢乐的故事。

坐落于深圳湾畔的欢乐海岸，是一个以海洋文化为主题、以生态环保为理念、以创新型商业为主体、以创造国际都市滨海生活方式为愿景，并融汇主题商业、时尚娱乐、生态旅游、商务度假等多元业态为一体的城市文化综合体。

欢乐海岸项目占地 125 万平方米，于 2011 年 8 月 9 日正式试业。它凝聚了华侨城集团多年在文化、旅游、生态、娱乐等业态的成功经验以及在创新创想领域的不断尝试，不仅获得"国家生态旅游示范区"殊荣，更被授予国家 AAAAA 级旅游景区，在 2016 年和 2017 年摘获"中国（深圳）绿色人居环境示范单位"，华侨城湿地也获批成为深圳首个国家湿地公园（试点）。此外，深圳时装周、中国（深圳）国际文化产业博览交易会分会场、谭盾新年音乐会、深圳欢乐灯会等城市级文化活动的落户，让欢乐海岸成为改变都市人生活方式的"城市文化会客厅"。

01

欢乐海岸

华侨城湿地的诞生

（一）百废待兴，华侨城集团接管湿地建设

2007 年，深圳市政府将华侨城湿地委托给华侨城集团管理，华侨城也由此成为首个受托管理城市生态湿地的企业。欢乐海岸项目筹建单位——深圳华侨城都市娱乐投资公司投资逾 2 亿元，对华侨城湿地进行了长达 5 年的综合治理，按照"保护、修复、提升"的原则，实施系列生态修复工程，为深圳市民创造了一片难得的城市绿洲。2011 年 8 月，华侨城湿地获国家海洋局授予"国家级滨海湿地修复示范项目"称号。

02

1990 年的滨海大道一线

03

2004 年滨海大道建成后

5/6

（二）华侨城湿地建成，正式开园。

2012 年 5 月 15 日，华侨城湿地开园，同年 8 月正式对公众开放。这是华侨城湿地的里程碑。

04

华侨城湿地建成后

05

华侨城湿地开园

（三）华侨城湿地自然学校成立

2014 年 1 月 12 日，在深圳市生态环境局（原深圳市人居环境委员会）和深圳市华基金生态环保基金会支持下，华侨城湿地成为深圳市首家"自然学校"。学校以华侨城湿地自然资源、环境设施为基础，向公众普及和推广自然资源常识，培养大自然保护的"传播者"。

06

自然学校成立

（四）今日湿地之面貌

2016 年底，华侨城湿地经国家林业局（现国家林业和草原局）批复开展国家湿地公园试点建设，成为了深圳市首个国家湿地公园，开启了国家湿地公园新征程。华侨城作为一家大型中央企业，应当履行企业的社会责任，保护生态，促进人与自然和谐共处。华侨城，用生态，连接自然；华侨城，以公益回馈社会。

07

华侨城湿地

2018 年 3 月 10 日，华侨城湿地

参考资料：
1. 百度百科（华侨农场）。
2. 华侨城档案资料。
3. 南兆旭.《深圳记忆》[M].深圳：深圳报业集团出版社，2009.
4. 图片：华侨城集团档案室、欢乐海岸档案室、欧阳勇提供。

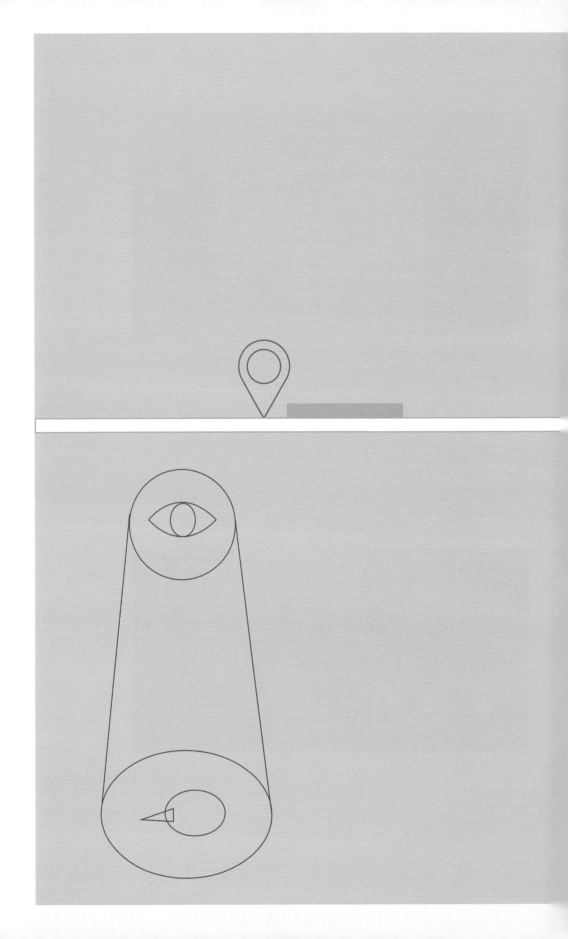

4

Chapter

第四章 Four

探寻野趣
华侨城湿地常见动植物识别图鉴

"人不能两次踏入同一条河流",古希腊哲学家赫拉克利特如是说。每次来到华侨城湿地,春、夏、秋、冬呈现的景物都会不同,有冬季迁徙的过客,有长期留守这里的常客。如何能在最短时间内,最全面地了解华侨城湿地生物的家族成员?这里,让我们一一呈现给您,或是动物,或是植物。

黑翅长脚鹬

探寻野趣：

华侨城湿地
常见鸟类识别图鉴

小䴙䴘
Tachybaptus ruficollis

普通鸬鹚
Mareca penelope

赤颈鸭
Mareca penelope

琵嘴鸭
Spatula clypeata

大白鹭
Ardea alba

苍鹭
Ardea cinerea

白鹭
Egretta garzetta

池鹭
Ardeola bacchus

夜鹭
Nycticorax nycticorax

黄苇鳽
Ixobrychus sinensis

黑脸琵鹭
Platalea minor

黑鸢
Milvus migrans

黑水鸡
Gallinula chloropus

白胸苦恶鸟
Amaurornis phoenicurus

金斑鸻
Pluvialis fulva

金眶鸻
Charadrius dubius

扇尾沙锥
Gallinago gallinago

黑尾塍鹬
Limosa limosa

青脚鹬
Tringa nebularia

林鹬
Tringa glareola

矶鹬
Actitis hypoleucos

灰头麦鸡
Vanellus cinereus

反嘴鹬
Recurvirostra avosetta

黑翅长脚鹬
Himantopus himantopus

红嘴鸥
Chroicocephalus ridibur

珠颈斑鸠
Spilopelia chinensis

褐翅鸦鹃
Centropus sinensis

噪鹃
Eudynamys scolopaceus

八声杜鹃
Cacomantis merulinus

普通翠鸟
Alcedo atthis

白胸翡翠
Halcyon smyrnensis

斑鱼狗.
Ceryle rudis

家燕
Hirundo rustica

白鹡鸰
Motacilla alba

灰鹡鸰
Motacilla cinerea

蓝翡翠
Halcyon pileata

骨顶鸡
Fulica atra

白头鹎
Pycnonotus sinensis

红耳鹎
Pycnonotus jocosus

白喉红臀鹎
Pycnonotus aurigaster

黑背伯劳
nius schach

八哥
Acridotheres cristatellus

黑领椋鸟
Gracupica nigricollis

丝光椋鸟
Spodiopsar sericeus

喜鹊
Pica serica

嘴蓝鹊
ocissa erythrorhyncha

北红尾鸲
Phoenicurus auroreus

鹊鸲
Copsychus saularis

乌鸫
Turdus mandarinus

紫啸鸫
Myophonus caeruleus

色山鹪莺
nia inornata

长尾缝叶莺
Orthotomus sutorius

黑脸噪鹛
Pterorhinus perspicillatus

远东山雀
Parus minor

暗绿绣眼鸟
Zosterops simplex

尾太阳鸟
nopyga christinae

斑文鸟
Lonchura punctulata

白腰文鸟
Lonchura striata

理氏鹨
Anthus richardi

麻雀
Passer montanus

绢斑蝶

探寻野趣：

华侨城湿地
常见**昆虫**识别图鉴

青凤蝶
Graphium sarpedon

大团扇春蜓
Sinictinogomphus clavatus

巴黎翠凤蝶
Papilio paris

柑橘凤蝶
Papilio xuthus

报喜斑粉蝶
Delias pasithoe

黄翅大白蚁
Macrotermes barneyi

东方菜粉蝶
Pieris canidia

巨大蚊
Holorusia sp.

虎斑蝶
Danaus genutia

绢斑蝶
Parantica aglea

蓝点紫斑蝶
Euploea midamus

白带黛眼蝶
Lethe confusa

幻紫斑蝶
Euploea core

小眉眼蝶
Mycalesis mineus

黄蜻
Pantala flavescens

中环蛱蝶
Neptis hylas

斐豹蛱蝶
Argynnis hyperbius

和马蜂
Polistes rothneyi

美眼蛱蝶
Junonia almana

青斑蝶
Tirumala limniace

钩翅眼蛱蝶
Junonia iphita

蛇目褐蚬蝶
Abisara echerius

绿翅木蜂
Xylocopa iridipennis

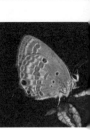

酢浆灰蝶
Pseudozizeeria maha

曲纹紫灰蝶
Chilades pandava

豆粒银线灰蝶
Spindasis syama

旖弄蝶
Isoteinon lamprospilus

素弄蝶
Suastus gremius

狭腹灰蜻
Orthetrum sabina

斑丽翅蜻
Rhyothemis variegata

晓褐蜻
Trithemis aurora

褐斑异痣蟌
Ischnura sengalensis

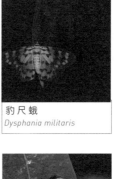

纹蓝小蜻
Diplacodes trivialis

豹尺蛾
Dysphania militaris

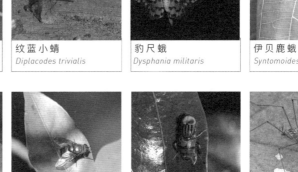

伊贝鹿蛾
Syntomoides imaon

络透翅毒蛾
erina nuda

朱红榕蛾
Phauda flammans

大头金蝇
Chrysomya megacephala

黄附斑眼蚜蝇
Eristalinus quinquestriatus

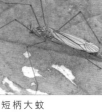

短柄大蚊
Nephrotoma sp.

双齿多刺蚁
olyrhachis dives

红火蚁
Solenopsis invicta

黄猄蚁
Oecophylla smaragdina

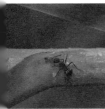

夹竹桃天蛾
Daphnis nerii

东方蜜蜂
Apis cerana

侧异腹胡蜂
rapolybia varia

广斧螳
Hierodula patellifera

芋蝗
Gesonula punctifrons

纺织娘
Mecopoda elongata

斑点广翅蜡蝉
Ricania guttata

盾蝽
ysocoris grandis

暗条泽背黾蝽
Limnogonus fossarum

离斑棉红蝽
Dysdercus cingulatus

杂毛吹绵蚧
Icerya jacobsoni

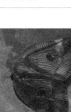

金边窗萤
Pyrocoelia analis

薯梳龟甲
idomorpha furcata

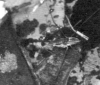

甘薯台龟甲
Taiwania circumdata

六斑月瓢虫
Menochilus sexmaculatus

印度黄守瓜
Aulacophora indica

斑凤蝶
Chilasa clytia

海桑的花

探寻野趣：

华侨城湿地
常见植物识别图鉴

旅人蕉
Ravenala madagascariensis

三星果
Tristellateia australasiae

血桐
Macaranga tanarius

红花羊蹄甲
Bauhinia blakeana

台湾相思
Acacia confusa

朱缨花
Calliandra haematocephala

夹竹桃
Nerium oleander

凤凰木
Delonix regia

鸡冠刺桐
Erythrina cristagalli

银合欢
Leucaena leucocephala

九里香
Murraya exotica

马占相思
Acacia mangium

含羞草
Mimosa pudica

无瓣海桑
Sonneratia apetala

海桑
Sonneratia caseolaris

狼尾草
Pennisetum sp.

芦苇
Phragmites australis

木榄
Bruguiera gymnorhiza

秋茄树
Kandelia obovata

软枝黄蝉
Allamanda cathartica

黄花夹竹桃
Thevetia peruviana

鸡蛋花
Plumeria rubra 'Acutifolia'

黄槿
Hibiscus tiliaceus

鬼针草
Bidens pilosa

印度榕
Ficus elastica

老鼠簕
Acanthus ilicifolius

棟
Melia azedarach

卤蕨
Acrostichum aureurm

马利筋
Asclepias curassavica

假连翘
Duranta erecta

马缨丹 *Lantana camara*	蔓马缨丹 *Lantana montevidensis*	灰莉 *Fagraea ceilanica*	木麻黄 *Casuarina equisetifolia*	美丽异木棉 *Ceiba speciosa*
美人蕉 *Canna glauca*	龙船花 *Ixora chinensis*	大花紫薇 *Lagerstroemia speciosa*	叶子花 *Bougainvillea spectabilis*	忍冬 *Lonicera japonica*
山榕 *Ficus altissima*	首冠藤 *Bauhinia corymbosa*	垂叶榕 *Ficus benjamina*	肾蕨 *Nephrolepis cordifolia*	水鬼蕉 *Hymenocallis littoralis*
车草 *Cyperus involucratus*	海芋 *Alocasia odora*	假苹婆 *Sterculia lanceolata*	青葙 *Celosia argentea*	五爪金龙 *Ipomoea cairica*
菜 *Commelina diffusa*	射干 *Belamcanda chinensis*	蜡烛果 *Aegiceras corniculatum*	火焰树 *Spathodea campanulata*	黄花风铃木 *Handroanthus chrysanthus*
杜鹃 *Rhododendron pulchrum*	花叶艳山姜 *Alpinia zerumbet 'Variegata'*	朱槿 *Hibiscus rosa-sinensis*	水黄皮 *Pongamia pinnata*	酢浆草 *Oxalis corniculata*

图书在版编目（CIP）数据

解说我们的湿地 / 南兆旭主编 . -- 北京：中国林

业出版社 , 2020.7

（广东深圳华侨城国家湿地公园系列丛书）

ISBN 978-7-5219-0706-3

Ⅰ . ①解… Ⅱ . ①南… Ⅲ . ①沼泽化地—介绍—深圳

Ⅳ . ① P942.653.78

中国版本图书馆 CIP 数据核字 (2020) 第 130979 号

解说我们的湿地
华侨城湿地自然研习径解说课程

策划编辑：刘家玲
责任编辑：葛宝庆　刘家玲

出　版：中国林业出版社
承印者：北京雅昌艺术印刷有限公司
版　次：2020 年 9 月第 1 版
印　次：2020 年 9 月第 1 次印刷
开　本：787mm x 1092mm 1/16
印　张：11.75
字　数：245 千字
定　价：78.00 元